Walter Wernitz

Wälz-Bohrreibung

Bestimmung der Bohrmomente und Umfangskräfte bei Hertz'scher Pressung mit Punktberührung

SPRINGER FACHMEDIEN WIESBADEN GMBH

SCHRIFTENREIHE ANTRIEBSTECHNIK
Band 19
Herausgegeben von der
Fachgemeinschaft Getriebe und Antriebselemente
im
Verein Deutscher Maschinenbau-Anstalten e.V.
(VDMA)

ISBN 978-3-663-00871-2   ISBN 978-3-663-02784-3 (eBook)
DOI 10.1007/978-3-663-02784-3

Die vorliegende Arbeit wurde im Institut für Maschinenelemente und
Fördertechnik der Technischen Hochschule Braunschweig durchgeführt.

Für die Anregung der Arbeit, sowie für wertvolle Hinweise und Förde-
rung durch den Institutsleiter Professor Dr.-Ing. habil. O. Lutz
möchte ich an dieser Stelle meinen verbindlichen Dank aussprechen.

Die Arbeit wurde weiterhin gefördert durch einen Forschungsauftrag
der Deutschen Forschungsgemeinschaft Bad Godesberg, die es ermöglich-
te, daß die Versuchseinrichtungen geschaffen und Hilfskräfte bei den
Versuchen für die vielfältigen Ablesungen und gelegentlich numeri-
schen Auswertungen mit eingesetzt werden konnten.

Mein Dank gilt ebenfalls der Firma Kugelfischer, Georg Schäfer u.Co.,
Schweinfurt, die den Auslaufring und die Reibpaarungen für die Kreisel-
versuche herstellte, und der Firma Voigtländer A.G., Braunschweig,
die das Schleifen der linsenartigen Wälzkörper für die Ringauslaufversuche übernahm.

Die Fassung des Textes ist gegenüber der Originalarbeit gekürzt;
an manchen Stellen sind Erweiterungen, die in unmittelbarem Zusammenhang stehen, eingearbeitet (vgl. (S 34)).

III.

IV.

Bezeichnungen

a	Halbachse der Hertz'schen Fläche (bei Umfangskraftübertragung in Richtung der Mantellinie)
b	Halbachse der elliptischen Hertz'schen Fläche (bei Umfangskraftübertragung in Rollrichtung)
ℓ	Drehpolabstand von der Mitte der Hertz'schen Fläche in Richtung ℓ_I auf der Mantellinie
ℓ_N	Abstand des Drehpoles vom Kraftpol (in Richtung der Mantellinie; der Kraftpol liegt gegenüber dem Drehpol auf der anderen Seite der Mitte der Hertz'schen Fläche)
ℓ_I	geradlinige Mantellänge von der Mitte der Hertz'schen Fläche bis zur A n triebsachse.
ℓ_{II}	geradlinige Mantellänge von der Mitte der Hertz'schen Fläche bis zur A b triebsdrehachse (negativ, wenn ℓ_{II} auf der gleichen Seite der Hertz'schen Fläche liegt wie ℓ_I)
n	Drehzahl
p	Hertz'sche Pressung (max $= p_o$)
r	Radius
s	Schlupf
M	Moment
N	Leistung
P	Pressungskraft (normal zur Hertz'schen Fläche)
T	tangentiale Umfangskraft
$\alpha, \beta, \varphi,$	Winkel
$\cos \vartheta$	Hertz'sche Hilfsgröße (s. G. 12 und Seite 72)
ξ, η	Hertz'sche Deformationsbeiwerte
η	Wirkungsgrad
μ	Reibungszahl
ω	Drehschnelle (Winkelgeschwindigkeit)
ϱ	Radius

Bestimmung der Bohrmomente und Umfangskräfte
bei Hertz'scher Pressung mit Punktberührung.

1.   Die vorliegende Arbeit wurde unternommen, um Grundlagen zu
schaffen für die übertragbare Leistung und die Verluste in stufenlos verstellbaren, mechanischen Getrieben mit Kreis- oder elliptischer Hertz'scher Berührungsfläche (S1) [*]. Die behandelten Probleme
gestatten aber auch Anwendungen auf andere Elemente im Maschinenbau.

2.   <u>Bedeutung der Bohrreibung in der Praxis.</u>

21.   Bei mechanischen Verstellgetrieben tritt grundsätzlich immer
mit der Wälzbewegung auch eine Bohrreibung auf. Die damit verbundenen
Bohrreibungseffekte treten als Leistungsverluste auf.

Um die Reibungsverhältnisse bei Bohrreibung versuchsmäßig zu er-
schließen, sind die vorliegenden Versuche durchgeführt worden. Neben
der Auswertung für alle jene Fälle, in denen keine Umfangskraft übertragen werden muß, sind in einer anschließenden theoretischen Behand-
lung alle anderen Fälle mit variabler Umfangskraft bei Punktberührung
erfaßt worden.

22.   Wälz- und Bohrbewegungen ergeben sich ohne wesentliche Umfangskraft bei verschiedenen Wälzlagern, insbesondere den sogenannten Mehr-
punkt- K u g e l l a g e r n (S2) [*].

---

[*] (S1), (S2) siehe Schrifttumsverzeichnis auf Seite 94 bis 96

Bei Rillenkugellagern tritt reine Wälzbewegung nur beim Durchleiten einer
reinen Radialkraft auf. Werden diese Kugellager nur etwas axial verschoben, verspannt oder durch eine axiale Betriebskraft belastet, so tritt neben der Wälzbewegung noch eine Bohrbewegung der Kugeln auf. Bei Schrägku-
gellagern, die grundsätzlich zur Übertragung von Axialkräften gebaut werden, tritt immer bohrende Bewegung auf (ebenso wie bei Pendelkugellagern).
In Axial-Rillenkugellagern können die Kugeln keine reine Wälzbewegung ausführen und müssen sich bohrend und wälzend bewegen. Bei größeren Drehzahlen
werden infolge der Zentrifugalkraft die Kugeln noch in den äußeren Keil
der Rillen hineingezwungen, wodurch die Bohrreibung noch größer und damit
die Drehzahl begrenzt wird.

23. I n s t r u m e n t e n l a g e r u n g e n werden oft so ausgeführt,
daß Wellen, ähnlich wie zwischen Spitzen an den Enden mit Einzelkugeln, in
Kugelkalotten gelagert werden [*]. Hierbei tritt reine Bohrreibung auf. Dieser praktische Fall wurde den ersten Versuchen zur Bestimmung der Bohrreibung zu Grunde gelegt.

24. Bei der in der Praxis am häufigsten angewendeten Paarung Stahl auf
Stahl, auf die die in dieser Arbeit beschriebenen Versuche beschränkt wurden, wird man immer mit Schmiermitteln arbeiten, die bei den verstellbaren
Leistungsgetrieben auch den Zweck der Abfuhr der in Wärme umgewandelten Verlustleistung mit übernehmen müssen. Für viele Anwendungsgebiete wird bezüglich der Bohrreibung erwartet, daß die Reibung möglichst gering sein soll.
Für die Verstellgetriebe jedoch wird gefordert, daß die Umfangskräfte bei
möglichst geringer Anpreßkraft (d.h. möglichst große Reibung) übertragen
werden sollen. Die diesbezüglichen Eigenschaften der S c h m i e r m i t -
t e l bei Hertz'scher Pressung festzustellen, könnte gleichzeitig Aufgabe der in Betracht gezogenen P r ü f e i n r i c h t u n g e n werden.

3.   Die Bohrdrehschnelle

31. Ein Einfluß der Bohrdrehschnelle ω_b auf die V e r l u s t l e i -
s t u n g bei kombinierter Wälz- und Bohrbewegung ist offensichtlich, da

---

[*] siehe Schrifttumsverzeichnis (S3) (S4) (S5) (S6) (S7) (S8)
    und neuere Konstruktionen des Maschinenbaues

sie nicht direkt zur Übertragung eines Nutzmomentes beiträgt. Ist die
Bohrbewegung nicht vorhanden ($\omega_b = 0$), so kann auch keine Verlustleistung
dieser Art auftreten es ist dann eine reine Wälzbewegung vorhanden. Es
ist deshalb zu Vorüberlegungen bei der Konstruktion von Maschinenelementen mit Wälz- und Bohrbewegungen sehr zweckmäßig, vorerst das Verhältnis der Winkelgeschwindigkeiten der Bohrbewegung zur Wälzbewegung (ω_b/ω_w)
oder zum An- bzw. Abtrieb (ω_b/ω_{an}; ω_b/ω_{ab}) festzustellen.

Für den Fall o h n e   U m f a n g s k r a f t (Index 0) kann die
Verlustleistung geschrieben werden:

$$N_{vo} = M_{bo} \cdot \omega_b, \tag{1}$$

die in Wärme umgewandelt wird.

Bei Übertragung einer Umfangskraft ergibt sich durch das Bohrmoment bei
Vorhandensein einer Bohrdrehschnelle ein Auswandern des Drehpoles aus
der Mitte der Hertz'schen Fläche und einer Parallelverschiebung der Umfangskraft, und die Bohrdrehschnelle wirkt sich nur indirekt in einer Ver-
minderung der Antriebsleistung aus (s. Kap. 7).

Es ist nun Aufgabe dieses Kapitels, festzustellen, wie man durch konstruktive Maßnahmen die Bohrbewegung auch bei Reibgetrieben, insbesondere bei
Verstellgetrieben, klein halten kann, dadurch daß vorzugsweise im Arbeits-
bereich bohrreibungsfreie Stellungen und bei Verstellungen hauptsächlich
Bereiche um diese Stellungen herum ausgenutzt werden.

Da es sich hier lediglich um geometrische Betrachtungen handelt, die unabhängig sind von der Gestalt der Berührungsfläche und der Reibpaarung, sind
in den nachfolgenden Getriebebeispielen auch solche mit Linienberührung
und in der Praxis mit verschieden ausgeführten Werkstoffpaarungen enthalten.

32. Die Bohrdrehschnelle errechnet sich aus der Differenz der Einzelbohr-
geschwindigkeiten der sich berührenden Wälzelemente

$$\omega_b = \omega_{b1} - \omega_{b2}, \tag{2}$$

die wiederum bestimmt sind durch die Drehgeschwindigkeit um die rotierende Achse und die Lage der Mantellinie im Berührungspunkt.

Die einzelne Bohrdrehschnelle kann man entweder aus dem Geschwindigkeitsabfall auf der Mantellinie ($\omega_{bl} = v/\ell_I$, wobei v die Umfangsgeschwindigkeit im Abstand ℓ_I vom Schnittpunkt der Drehachse mit der geradlinig gedachten Mantellinie ist) bestimmen, oder nach Lutz (S 1) durch Zerlegung des ω-Vektors des Wälzkörpers (Bild 2 b - d) in einem parallel zur momentanen geraden Mantellinie liegenden Wälzvektor (ω_w) und einen dazu senkrechten Bohrvektor (ω_b).

33. Bei r e i n e m A b w ä l z e n wird die resultierende Bohrdrehschnelle Null, d.h. die beiden Einzelbohrdrehschnellen sind gleich groß oder auch Null. Geometrisch ist diese Bedingung erfüllt, wenn es einen gemeinsamen Schnittpunkt der geraden Mantellinie der Berührung mit den beiden Drehachsen der gepaarten Wälzkörper gibt (Bild 1). Dieser Schnittpunkt kann auch im Unendlichen liegen.

Die Verlustleistung in der Wälzpaarung ergibt sich dann nur aus der Rollreibung und dem Schlupf, der auch bei tangentialer Kraftübertragung lediglich Dehnschlupf ist (S 9).

34. Bei den in Bild 2 gezeigten Übertragungselementen von Verstellgetrieben kann r e i n e s A b w ä l z e n g r u n d s ä t z l i c h n u r i n e i n e r S t e l l u n g bei einer Reibpaarung auftreten. Bei Verstellung dieser Drehzahlübersetzung geht der gemeinsame Schnittpunkt verloren, wobei zu der Wälz- noch eine Bohrbewegung tritt, die um so größer wird, je mehr sich die Schnittpunkte der Drehachsen mit der Mantellinie voneinander entfernen.

Das F.U.-Getriebe (Fabrication Unicum) enthält eine verschiebbare Doppelkegelrolle mit zwei Reibstellen (Bild 2 a). Die Abrollbewegung wird dann bohrreibungsfrei, wenn die Doppelkegelrolle so weit verstellt wird, daß Punkt A mit O zusammenfällt.

Der Prym-Trieb (Bild 2 b) hat eine bohrreibungsfreie Stellung, wenn die beiden Spitzen der parallelachsigen Kegel zusammenfallen. Diese reibkupplungsartige Grenzstellung bringt eine Anlage der Kegel auf dem ganzen Umfang, während in der gezeigten Stellung eine Pressung nach Hertz auftritt,

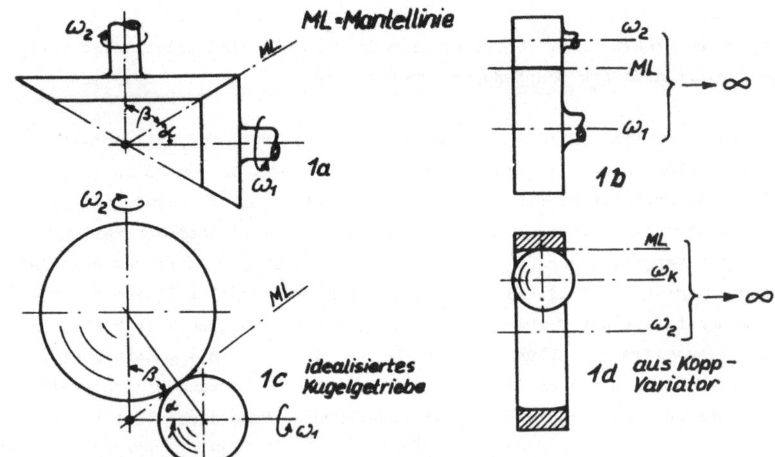

Bild 1: Wälzelemente ohne Bohrreibung.

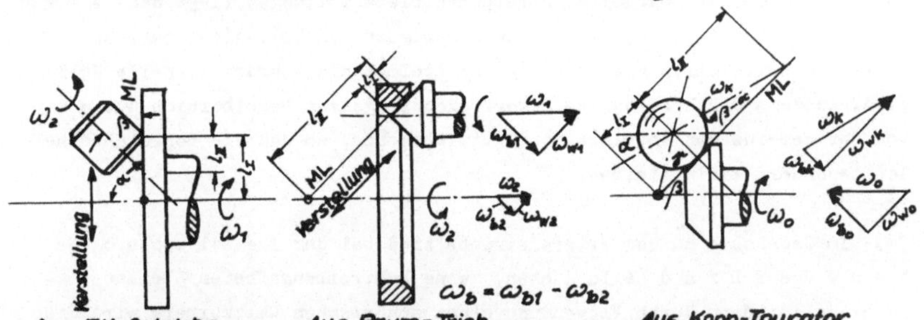

Bild 2: Wälzelemente in Stellungen mit Bohrreibung
(eine bohrreibungsfreie Stellung möglich).

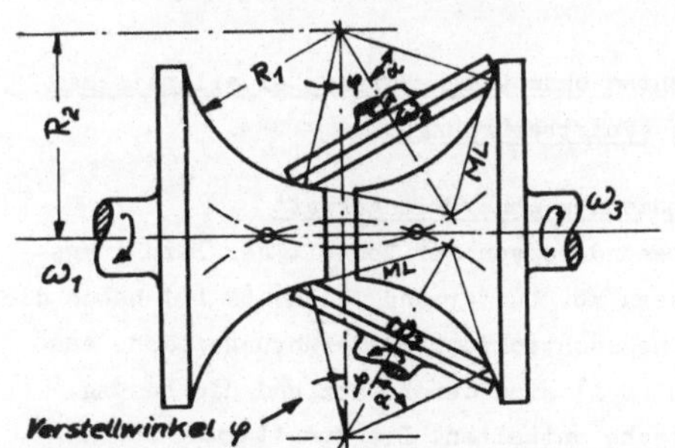

Bild 3: Arter - Getriebe
mit 2 bohrreibungsfreien Stellungen.

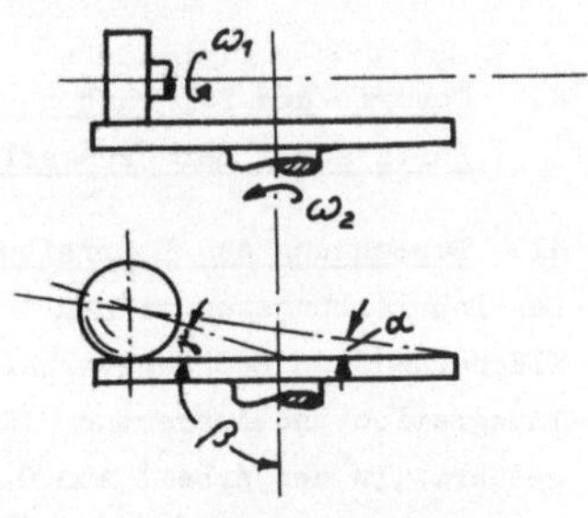

Bild 4: Tellerscheiben -
Reibräder

die um so größer wird, je weiter sich die Mittellinien voneinander entfernen, womit auch die Bohrbewegung größer wird.

Der Kopp-Tourator (Bild 2 c und 1d) hat je Kugel zwei Umfangskraft-Übertragungsstellen (S 1), die rechts und links der Kugel liegen (Bild 2c) und eine Abstützstelle am Ring für die Radialkräfte (Bild 2 c und 1 d). Für die letztgenannte tritt keine Umfangskraft auf, wohl aber Bohrreibung, wenn die Verstellachse (ω_k) nicht gerade parallel zur Antriebs- und Ring - achse liegt (Bild 2 c), also bei Regelstellungen i $\neq$ 1 : 1. Für die Übertragungsstellen der Drehmomente (Bild 2c) wird die theoretisch mögliche bohrreibungsfreie Stellung (ω_b = 0), bei der α = β + γ sein müßte, in der Ausführung nicht erreicht. Da aber bei Punktberührung die Bohrreibungsverluste geringer sind als bei Linienberührung, kann dieses Getriebe trotzdem noch gute Wirkungsgrade erreichen.

35. Bezüglich der bohrreibungsfreien Betriebsstellungen liegt das A r - t e r - G e t r i e b e (Bild 3) am günstigsten (S 10). Nicht nur, daß an beiden Reibstellen gleichzeitig und zweimal die Bohrdrehschnelle Null wird, sondern die Kegelspitze bewegt sich im ganzen Regelbereich nur wenig von der gemeinsamen Antriebs- und Abtriebsachse, so daß die Bohrdrehschnellen besonders klein bleiben.

36. Im Gegensatz zu dem Arter-Getriebe sind bei dem T e l l e r s c h e i - b e n - R e i b r a d (Bild 4 oben) keine bohrreibungsfreien Stellen möglich; es sei denn durch Verwendung eines sphärischen Wälzkörpers wird die Achse ω_1 soweit geneigt (α = γ), daß sie auch durch den Schnittpunkt der Mantellinie mit der ω_2-Achse geht (Bild 4 unten).

4. **Theorie des Bohrreibungsmomentes ohne Umfangskraft bei elliptischer Hertz'scher Berührungsfläche (Punktberührung).**

41. **Berechnung des Bohrreibungsmomentes ohne Umfangskraft**
Das Bohrreibungsmoment hängt insbesondere von der Gestalt der Berührungsfläche und den Reibungsverhältnissen ab. Kutter und Thomas (S 10) haben die Integration und Auswertung für eine rechteckförmige Berührungsfläche ausgeführt. In der Arbeit von O.Lutz (S 1) sind der Ansatz und die Lösung für die kreisförmige Berührungsfläche enthalten. Die Erweiterung auf elliptische Hertz'sche Flächen führt naturgemäß auf ein elliptisches Integral

infolge der elliptischen Druckverteilung über der elliptischen Hertz'schen
Fläche:

$$p = p_0 \sqrt{1 - \frac{r^2}{a^2} \cos^2 \varphi - \frac{r^2}{b^2} \sin^2 \varphi} \qquad (3)$$

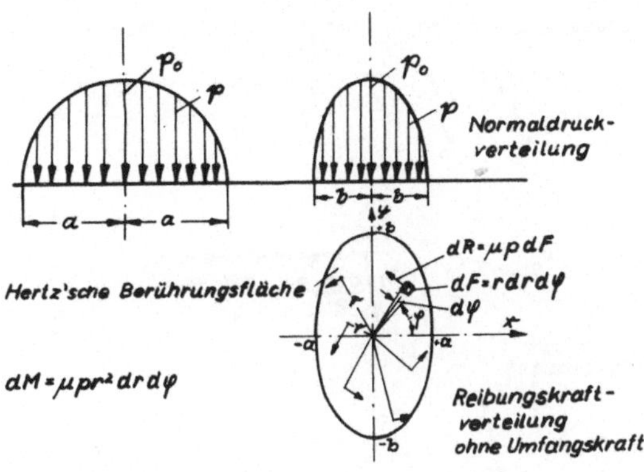

Bild 5: Ansatz für das Bohrmoment ohne Umfangskraft.

Bei den zu diskutierenden Beispielen ist im allgemeinen die Berührungsfläche so klein, daß man von einer angenähert ebenen Berührungsfläche
sprechen kann. Obwohl die Hertz'schen Gleichungen unter der Bedingung
abgeleitet wurden, daß nur Kräfte senkrecht zur Berührungsfläche und
keine tangentialen Schubkräfte übertragen werden, sind diese hier doch
zum Ansatz gebracht worden [*], weil die Schubspannungen im Bereich des
Kreises der kleinen Achse vollkommen axial-symmetrisch sind und die Ver-
zerrung der außenliegenden Ellipsenenden als vernachlässigbar angesehen
wird. Wird keine Umfangskraft übertragen, so liegt der Drehpunkt (Pol)
der Bewegung in der Mitte der Hertz'schen Fläche. Das Bohrmoment (Bild 5)
ergibt sich dann zu

---

[*] Das von C. Weber in einer Studie (S13) angesetzte allgemeine System
für den ebenen Zerrungszustand ist auch in Kapitel 5 nicht in Ansatz
gebracht worden, um die Lösungen einfach zu halten.

- 8 -

$$M_{bo} = 4 \int_0^{\pi/2} \int_0^{r_0} \mu \cdot p \cdot r^2 \cdot dr d\varphi . \tag{4}$$

Die Reibungszahl μ wird für die weitere Rechnung als konstant als mittlere Reibungszahl angenommen, weil erstens vorläufig noch zu wenig gesetzmäßige Abhängigkeiten bekannt sind und zweitens die Rechnung mit dieser Annahme allgemein lösbar wird. Damit ergibt sioh:

$$M_{bo} = 4 \mu p_0 \int_0^{\pi/2} \int_0^{r_0} r^2 \sqrt{1 - \frac{r^2}{b^2} \cos^2\varphi - \frac{r^2}{a^2} \sin^2\varphi} \; dr \cdot d\varphi, \tag{5}$$

und mit:

$$r_0 = \frac{1}{\sqrt{\frac{\cos^2\varphi}{b^2} + \frac{\sin^2\varphi}{a^2}}} , \tag{6}$$

und damit das Bohrmoment

$$M_{bo} = 4 \mu p_0 \int_0^{\pi/2} \int_0^{r_0} r^2 \sqrt{1 - \frac{r^2}{r_0^2}} \; dr \, d\varphi. \tag{7}$$

Das innere Integral tritt bereits bei der kreisförmigen Hertz'schen Fläche (S 1) auf und ergibt $\frac{\pi}{16} r_0^3$.

Damit wird

$$M_{bo} = \frac{\pi \mu p_0}{4} \int_0^{\pi/2} r_0^3 \; d\varphi \tag{8}$$

$$M_{bo} = \frac{\pi \mu p_0}{4} \int_0^{\pi/2} \frac{d\varphi}{\left(\frac{\cos^2\varphi}{b^2} + \frac{\sin^2\varphi}{a^2} \right)^{3/2}} , \tag{8a}$$

womit sich das elliptische Integral ergibt:

$$\frac{4M_{bo}}{\pi \mu p_0 b^3} = \int_0^{\pi/2} \frac{d\varphi}{(1 - k^2 \sin^2\varphi)^{3/2}} \quad \text{mit } k = \sqrt{1 - (b/a)^2}, \text{ worin } a > b. \tag{9}$$

Die Integration zwischen den Grenzen ergibt $\dfrac{1}{1-k^2} \cdot E\left(\dfrac{\pi}{2}, k\right)$,
also ist

$$M_{bo} = \frac{\pi \, \mu \, a^2 \, b \, p_o}{4} \; E\left(\frac{\pi}{2}, k\right). \tag{10}$$

Da die Halbachsen a und b der Berührungsellipsen nach H e r t z (S 11
und S 12) mit Hilfe der Deformationsbeiwerte ξ und η berechnet werden,
in denen bereits das gleiche elliptische Integral $E\,(\pi/2,k)$ enthalten ist:

$$\xi^3 = \frac{2 \, E\,(\pi/2,k)}{\pi \, (b/a)^2} \qquad \text{mit } \eta/\xi = b/a \, , \tag{11}$$

ist es zweckmäßig, diese auch hier einzuführen.

Ebenso erscheint es zweckmäßig, die Streckung der Ellipsen $b/a = \eta/\xi$
von 1 bis ∞ durch die von Hertz eingeführte Größe

$$\cos\vartheta = \frac{\left(\dfrac{1}{r_1} + \dfrac{1}{r_2}\right) - \left(\dfrac{1}{r_3} + \dfrac{1}{r_4}\right)}{\left(\dfrac{1}{r_1} + \dfrac{1}{r_2}\right) + \left(\dfrac{1}{r_3} + \dfrac{1}{r_4}\right)} \tag{12}$$

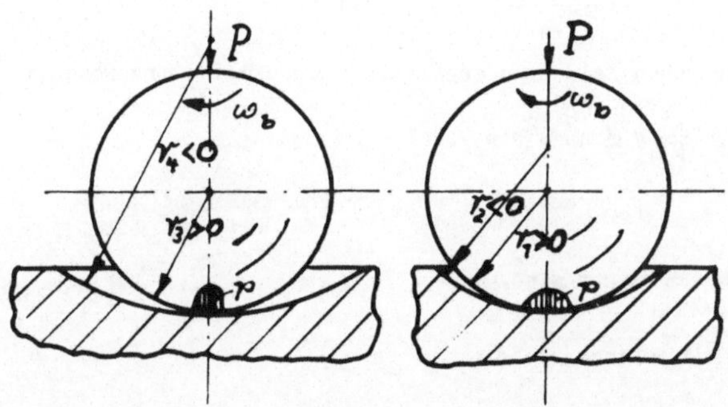

Bild 6: Reibpaarung mit Punktberührung (bei Hohlkrümmung ist
der betreffende Krümmungsradius negativ; sh. r_2 und r_4).

auszudrücken, die von 0 bis 1 geht. Null entspricht der Kreisfläche mit
a = b bezw. $\xi = \eta = 1$, wobei die Krümmungsradien der berührenden Flächen $r_1 = r_3$ und $r_2 = r_4$ sind. Der Wert 1 entspricht der zur Linie
entarteten Ellipse mit a $\ggg$ b. Der geometrische Ansatz der Hertz'schen
Hilfsgröße cos ϑ durch die Krümmung läßt daneben auch eine einfache Berechnung aus den meist gegebenen Größen zu.

Hertz hatte bereits die Werte ξ und η in Abhängigkeit von dem theoretischen Winkel ϑ von 10 zu 10 Grad tabelliert, wie sie noch heute in allen Handbüchern zu finden sind. Bei der Auftragung der hier sehr empfind-
lichen Potenzform stellte sich jedoch heraus, daß für sehr langgestreckte
Ellipsen für $\vartheta = 10^\circ$ und 20° sich abweichende Werte von der Hertz'schen
Tabelle ergeben, die in den Handbüchern korrigiert werden müßten.

ϑ°	$\cos\vartheta$	b/a = η/ξ	ξ	η
10.000	0,98481	0,0469	6,62444	0,31069
20.000	0,93969	0,108	3,81716	0,41209

Die Kugellagerindustrie (S17) benutzte indessen wesentlich geringere Inter-
valle und ging deshalb auch nicht von dem theoretischen Winkel ϑ aus, sondern von den mathematischen Tafelwerten von Lengendre für die vollständi-
gen elliptischen Integrale E $(\frac{\pi}{2}, k)$ und K $(\frac{\pi}{2}, k)$, so daß diese Fehler bis-
lang noch nicht korrigiert wurden.

Mit den Hertz'schen Beiwerten ergibt sich das Bohrreibungsmoment:

$$M_{bo} = \frac{\pi^2}{8} \mu \xi \eta^2 a^2 b \, p_o , \qquad (13)$$

bezw. mit P $= \frac{2}{3} p_o \pi a \cdot b$:

$$M_{bo} = \frac{3\pi}{16} \mu \, p \, a \, \xi \eta^2 , \qquad (14)$$

oder dimensionslos geschrieben:

$$\frac{M_{bo}}{\mu P \ \overline{ab}} = \frac{3\pi}{16} (\xi \eta)^{3/2} . \qquad (14a)$$

Zur einfacheren Berechnung kann Bild 8 herangezogen werden, in dem
$(\xi \eta)^{3/2}$ über cos ϑ aufgetragen ist.

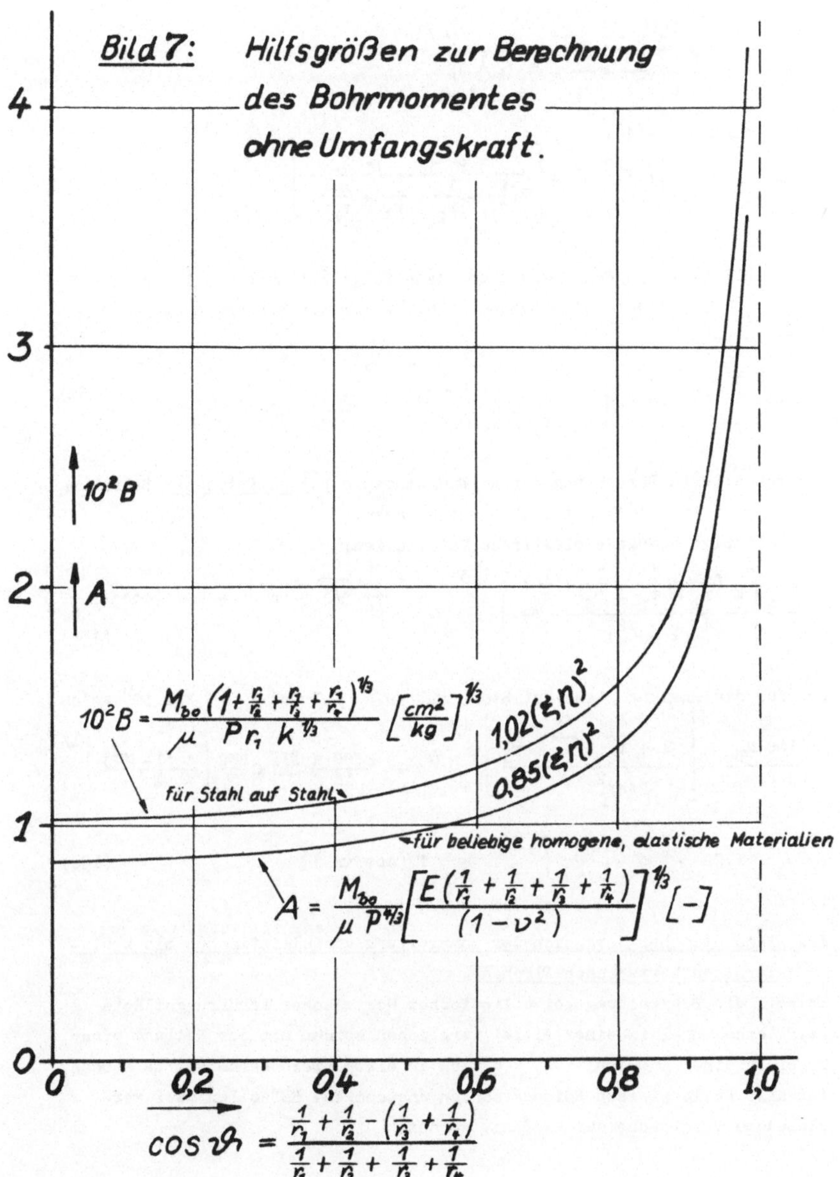
Bild 7: Hilfsgrößen zur Berechnung des Bohrmomentes ohne Umfangskraft.
4
3
2
1
0
10² B
A
$10^2 B = \dfrac{M_{bo}\left(1+\frac{r_1}{r_2}+\frac{r_1}{r_3}+\frac{r_1}{r_4}\right)^{1/3}}{\mu \; P r_1 \; k^{1/3}}\left[\dfrac{cm^2}{kg}\right]^{1/3}$
für Stahl auf Stahl
$1,02(\xi n)^2$
$0,85(\xi n)^2$
für beliebige homogene, elastische Materialien
$A = \dfrac{M_{bo}}{\mu \; P^{4/3}}\left[\dfrac{E\left(\frac{1}{r_1}+\frac{1}{r_2}+\frac{1}{r_3}+\frac{1}{r_4}\right)}{(1-\nu^2)}\right]^{1/3}[-]$
0   0,2   0,4   0,6   0,8   1,0
$\cos\vartheta = \dfrac{\frac{1}{r_1}+\frac{1}{r_2}-\left(\frac{1}{r_3}+\frac{1}{r_4}\right)}{\frac{1}{r_1}+\frac{1}{r_2}+\frac{1}{r_3}+\frac{1}{r_4}}$

Mit

$$a = \xi \left[\frac{3\,P\,(1-\nu^2)}{E\left(\dfrac{1}{r_1} + \dfrac{1}{r_2} + \dfrac{1}{r_3} + \dfrac{1}{r_4}\right)} \right]^{1/3}$$

ergibt sich aus (14):

$$M_{bo} = \frac{3\pi}{16}\,\xi^2\,\eta^2\,\mu \left[\frac{3\,P^4\,(1-\nu^2)}{E\left(\dfrac{1}{r_1} + \dfrac{1}{r_2} + \dfrac{1}{r_3} + \dfrac{1}{r_4}\right)} \right]^{1/3}. \qquad (15)$$

Geht die Ellipse in den Kreis über, dann folgt (mit $\xi = \eta = 1$ und $r_1 = r_3$ sowie $r_2 = r_4$) die bereits bekannte Formel für die Berührung zweier kugeliger Körper:

$$M_{bo}^{\,Kreis} = \frac{3\pi}{16}\,\mu \left[\frac{1,5\,P^4\,(1-\nu^2)}{E\left(\dfrac{1}{r_1} + \dfrac{1}{r_2}\right)} \right]^{1/3}. \qquad (15a)$$

Zur schnelleren Berechnung der Reibungsmomente bei _elliptischer_ Berührungsfläche sind in Bild 7 mit Gl. 15 aufgetragen:

für beliebige homogene elastische Materialien:

$$\frac{M_{bo}}{\mu} \left[\frac{E\left(\dfrac{1}{r_1} + \dfrac{1}{r_2} + \dfrac{1}{r_3} + \dfrac{1}{r_4}\right)}{P^4\,(1-\nu^2)} \right]^{1/3} = \frac{3\pi}{16}\sqrt[3]{3}\,\xi^2\,\eta^2 = f\,(\cos\vartheta)$$

$$(15b)$$

und für die Paarung Stahl auf Stahl mit $\nu = 0,3$ und $E = 2,1 \cdot 10^6$ kg/cm^2

$$\frac{100\,M_{bo}}{\mu\,P\,r_1} \left[\frac{1 + \dfrac{r_1}{r_2} + \dfrac{r_1}{r_3} + \dfrac{r_1}{r_4}}{P/4r_1^2} \right]^{1/3} = \frac{300\,\pi}{16}\sqrt[3]{3}\,\xi^2\eta^2 \left[\frac{4\,(1-\nu^2)}{E} \right]^{1/3}$$

$$= 1,02\,\xi^2\,\eta^2 \left[\frac{cm^2}{kg} \right]^{1/3} = f\,(\cos\vartheta). \qquad (15c)$$

42. Theoretischer Vergleich der Bohrreibung von elliptischen mit kreisförmigen Hertz'schen Flächen

Es soll die Bohrreibung bei elliptischer Hertz'scher Berührungsfläche (z.B. eine Kugel in einer Rille) verglichen werden mit der Reibung einer Kugel in einer Kugelkalotte, die sich in einem Kreis berühren. Es werden für alle Fälle gleiche Reibungszahlen angenommen. Es sollen zwei verschiedene Vergleiche durchgeführt werden.

421. <u>Der Flächeninhalt der Hertz'schen Berührungsflächen sei gleich:</u>

$$a \cdot b = a_o^2.$$

Daraus leitet sich für die Belastung P und Pressung p ab:

$$\frac{P_{ell}}{p_{ell}} = \frac{P_{kreis}}{p_{kreis}} \; .$$

Damit ergibt sich das Verhältnis der Bohrmomente nach Gl. 14a, wie es in Bild 8 dargestellt ist

$$\frac{M_{bo}^{ell}}{M_{bo}^{kreis}} \cdot \frac{p_{kreis}}{p_{ell}} = (\xi\eta)^{3/2} = f(\cos\vartheta). \qquad (16)$$

Denkt man sich den Vergleich, wie einleitend gesagt, durch eine Kugel $(r_1 = r_3 > 0)$ in einer Rille $r_2 \neq r_4 < 0$, so vereinfacht sich die Berechnung von $\cos\vartheta$ nach Gleichung (12).

Bei gleicher Hertz'scher Pressung ist die Zunahme des Bohrmomentes (Bild 8) bei Abweichung der Berührungsfläche vom Kreis anfangs sehr gering und übersteigt erst 1 o/o bei $\cos\vartheta$ = 0,2 (Achsenverhältnis a/b von etwa 0,8) und 6 o/o bei $\cos\vartheta$ = 0,4 (Achsenverhältnis b/a von etwa 0,6).

Gleichung (16) zeigt, daß die Reibmomente bei Ausnutzung maximaler Pressung am kleinsten sind.

422. Die letzte Feststellung kommt durch Betrachtung eines <u>Sonderfalles</u> besonders stark heraus, wobei allerdings die Pressung mit $\cos\vartheta$ steigend sich ergibt:
Es sei eine gleiche Kugel (r_1) einmal in einer Kugelkalotte (r_2) drehend (kreisförmige Berührungsfläche) und vergleichsweise in einer geraden Rille $(r_4 = \infty)$ mit dem gleichen Krümmungsradius (r_2) in der Ebene senkrecht zum Rillenlauf.

Bei Variation der Schmiegung r_1/r_2 soll das Verhältnis der Bohrreibungsmomente <u>bei gleicher Anpreßkraft P</u> untersucht werden. Da bei erhöht sich mit zunehmender Schmiegung $\frac{r_1}{r_2}$ das Pressungsverhältnis der Ellipse zu der in der Kugelkalotte.

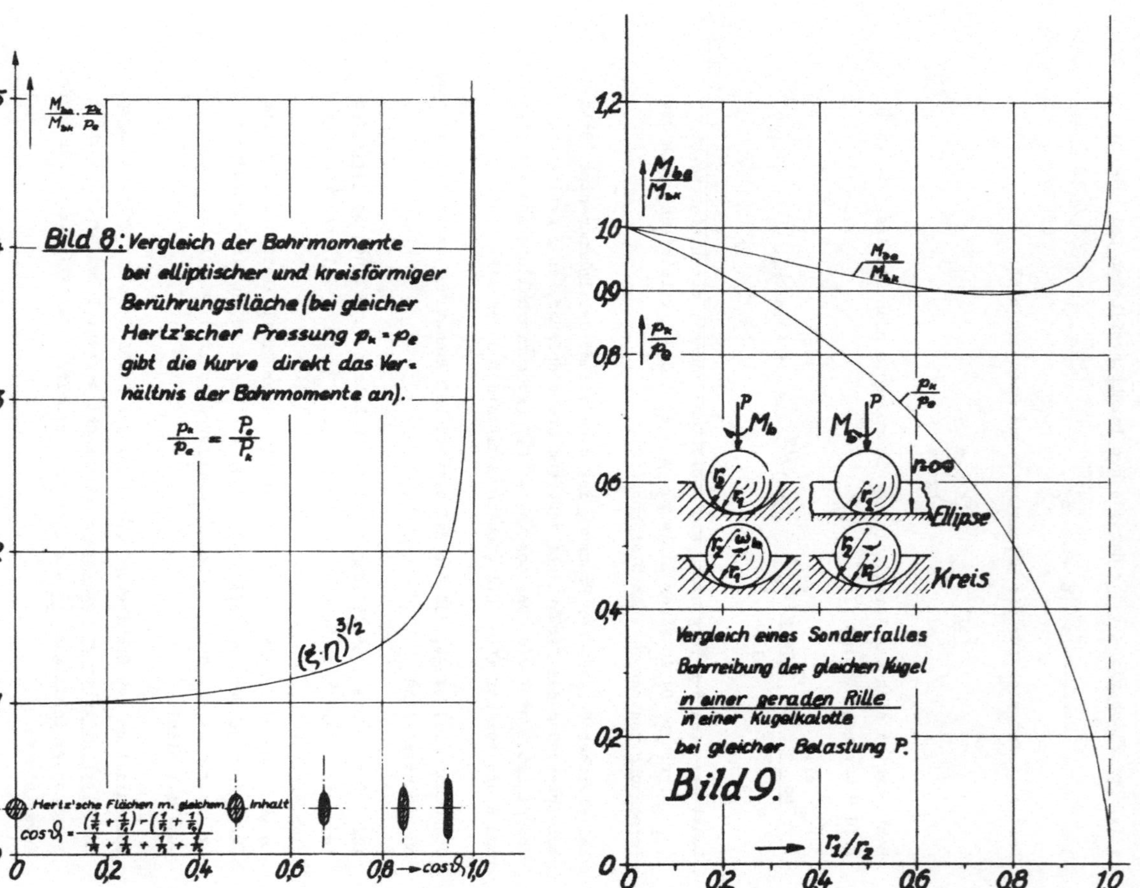

Bild 8: Vergleich der Bohrmomente bei elliptischer und kreisförmiger Berührungsfläche (bei gleicher Hertz'scher Pressung $p_k = p_e$ gibt die Kurve direkt das Verhältnis der Bohrmomente an).
$\frac{p_k}{p_e} = \frac{P_e}{P_k}$
$(\xi \cdot \eta)^{3/2}$
Hertz'sche Flächen m. gleichem Inhalt
$\cos\vartheta = \frac{(\frac{1}{r_1} + \frac{1}{r_2}) - (\frac{1}{r_1'} + \frac{1}{r_2'})}{\frac{1}{r_1} + \frac{1}{r_2} + \frac{1}{r_1'} + \frac{1}{r_2'}}$
$\rightarrow \cos\vartheta$
$\frac{M_{bk}}{M_{be}} \cdot \frac{p_e}{p_k}$
Vergleich eines Sonderfalles Bohrreibung der gleichen Kugel in einer geraden Rille in einer Kugelkalotte bei gleicher Belastung P.
Bild 9.
$\frac{M_{be}}{M_{bk}}$
$\frac{M_{be}}{M_{bk}}$
$\frac{p_k}{p_e}$
$\frac{p_k}{p_e}$
P
M_b
P
M_b
Ellipse
Kreis
$\rightarrow r_1/r_2$

Zur einfacheren Darstellung wurde der Reziprokwert der Hertz'schen
Pressungen, der damit immer kleiner als 1 ist, im Bild 9 aufgetragen:

$$\frac{P_{kreis}}{P_{ell}} \quad = \quad (\xi\eta)^{1/3} \, (1 - \cos\vartheta)^{2/3}. \tag{17}$$

Das Verhältnis der Bohrmomente errechnet sich zu: ·

$$\frac{M_{bo}^{ell}}{M_{bo}^{kreis}} \quad = \quad \xi^2 \eta^2 \, (1 - \cos\vartheta)^{1/3} \tag{18}$$

und zeigt nun ein auffallendes Minimum, was aber dur   Ausnutzung einer
höheren Hertz'schen Pressung bei gleicher Belastungskraft bedingt ist.

In diese Betrachtungen ist die Materialfestigkeit nicht einbezogen, die
eine Begrenzung der Pressung vorschreibt.

5. Versuche bei reiner Bohrbewegung ohne Wälzpressung

Zur Kontrolle der Theorie nach Kapitel 4 und zur Bestimmung der Reibungszahlen wurde nach Vorversuchen ein Kreisel-Auslauf-Prüfstand gebaut, der
eine genügend große Variation der Veränderlichen gestattet und aus der Ver-
zögerung der Drehbewegung auf das Reibungsmoment schließen läßt.

51. Vorversuche

Die erste Versuchseinrichtung für die Vorversuche (S 2o) erlaubte nur kleine
Kugeln (4 ... 11 mm $\emptyset$), bei geringer Variation der Belastung (P = 1,3 ... 7,5 kg)
bei geringen Drehzahlen (300 ... 0 U/min) in Kugelkalotten zu untersuchen.
Dabei waren die Streuungen, wie sie bei Reibungsversuchen auftreten, im Verhältnis zur vorhandenen Variationsmöglichkeit noch zu groß. Die untersuchten Belastungen P/d^2_{Kugel} konnten zwischen 1,2 und 21 kg/cm² (bzw. unter Berücksichtigung der Schmiegung mit dem Stribeck'schen Vergleichsdurchmesser d_o:
P/d_o^2 zwischen 0,05 und 12,4 kg/cm² oder maximale Hertz'sche Pressungen p_o
zwischen 37 und 230 kg/mm²) variiert werden, wobei

$$\frac{1}{d_o} \quad = \quad \frac{1}{d_{Kugel}} \underset{(-)}{+} \frac{1}{d_{Kalotte}} \tag{19}$$

ermittelt wurde.

52. Auslaufkreisel-Prüfstand

Der neue Prüfstand, an dem die weiteren Untersuchungen durchgeführt wurden, erlaubte die Untersuchung von Kugeln von 4,5 mm bis 46 mm $\emptyset$ bei einer Variation der Belastung von 5 kg bis zu 250 (525) kg bei Drehgeschwindigkeiten von 750 U/min abwärts. Die Drehgeschwindigkeiten und Belastungen hätten noch gesteigert werden können; es zeigte sich aber keine Notwendigkeit hierzu.

Der Aufbau des Prüfstandes ist aus Bild 10 und 11 ersichtlich. Mit Hilfe eines Hebelarmes (1) werden durch angehängte Gewichte (2) 9,27 mal so große Pressungskräfte in Richtung der Kreiselachse (3) erzeugt, die sich durch den steifen Rahmen (4) aus U-Eisen wieder über die Drehachse des Hebelarmes (5) ausgleichen können.

Der Kreisel (3) ist zwischen zwei Kugeln, die jeweils einerseits in Kegeln festgefaßt sind und andererseits in hohlen Kalotten Punktberührung haben, zweifach gelagert. Die durchgeleitete axiale Kraft ist wegen des Kreiselgewichtes von 3,2 bis 4,5 kg (je nach verwendeten Kugeln und deren Halterung) im unteren Lager größer als im oberen. Dieser Unterschied hat bei größeren Belastungen relativ sehr geringen Einfluß. Im allgemeinen wurde mit der mittleren Belastung von der oben und unten durchgeleiteten Kraft gerechnet.

Der Kreisel wird mit einer Anwurfvorrichtung in Drehung versetzt. Eine hochtourige Hand-(Schleif)maschine trägt eine kleine Reibrolle, die ihre Umfangskraft über eine kugelgelagerte, parallel zur Kreiselachse geführte Reibrolle an den Umfang der Kreiselscheibe abgibt.

Die Drehzahlmessung erfolgt optisch mit Stroboskop und Frequenzscheibe reibungsfrei. Der Durchgang durch bestimmte Drehgeschwindigkeiten ergibt (mit einer Schleppzeigerstoppuhr gemessen) die Zeitdifferenz Δt, die die Auswertung der Verzögerungsmomente ermöglichen:

$$2\,M_{bo} = J\,\frac{\Delta\omega}{\Delta t} - M_L \,.\tag{20}$$

Das Bohrmoment (M_{bo}) läßt sich also auf eine einfache Zeitmessung zurückführen. Das Trägheitsmoment von 176 bis 183 cmgrsec^2 (je nach Kugel und Kugelhalter etc.) reichte für alle untersuchten Fälle aus. Es wurde im einzelnen ausgependelt mit

$$J = \frac{T^2}{4\,\pi^2}\,G\cdot\frac{a^2}{l}\tag{21}$$

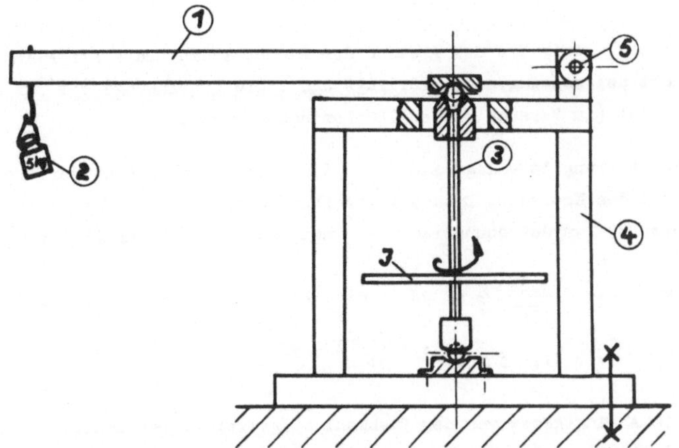

Bild 10: Schematischer Aufbau des Auslaufkreisels zur Ermittlung der Bohrmomente ohne Wälzbewegung.

Bild 11: Versuchsstücke für die Auslaufkreiselversuche
a) Kreisel   b) Kugelkalotten   c) Kugeln   d) Rillensegmente

berechnet, worin 2 a der Abstand der Fäden, l die Länge der Fäden, G das
Gewicht des schwingenden Prüflings und T die Schwingungszeit für eine Pe-
riode ist (im Versuch wurden 100 Perioden gemessen).

An der Reibung beteiligt sich noch die Luft, entsprechend der Drehgeschwindigkeit des Kreisels. Dieses Luftreibungsmoment der beiseitig benetzten
Scheibe M_L wurde rechnerisch bestimmt nach Schlichting (S21):

$$M_L = \frac{3,87}{\sqrt{Re}} \frac{\varrho}{2} \omega^2 R^5 \quad \text{mit Re} = \frac{R^2 \omega}{\nu} = 0,822 \cdot 10^5$$

$$M_L = 1,935 \varrho \cdot R^4 \sqrt{\nu \omega^3}, \quad Re < 3 \cdot 10^5 \text{ laminar} \tag{22}$$

und in Abhängigkeit von der Drehzahl aufgetragen. Der Einfluß der Kreisel-
welle mit 15 mm ϕ , der Kreiselschuhund die Dicke der Platte von 15 mm
sind gegenüber der 250 mm ϕ Platte vernachlässigt.

53. Versuchsdurchführung

Besonders wichtig für die zu bestimmende Reibungszahl μ ergab sich aus den
Vorversuchen das Schmiermittel. Als   S c h m i e r m i t t e l , mit dem
schon die meisten Vorversuche gefahren waren, wurde in erster Linie Fett FM
(kalkverseift) verwendet, um die Abhängigkeit bei großen Variationen der Anpreßkraft und der Schmiegung zu ermitteln. Es wurden aber auch viele Ver-
gleichsversuche mit verschiedenen Ölen unternommen.

Im allgemeinen konnte bei kleinen Belastungen ein gleichbleibendes oder gar
abnehmendes Reibungsmoment mit der   D r e h z a h l   festgestellt werden
(s. Kapitel 544), während bei großen Belastungen (wahrscheinlich wegen der
sich verringernden Schmierfilmmenge in der Hertz'schen Fläche) die Reibung
mit der Zeit, d.h. abnehmender Drehzahl zunahm. Bei großer Belastung während
des Auslaufes wurde wegen des Zeiteinflusses das Anwerfen des Kreisels bei
geringerer Belastung vorgenommen und die volle Belastung erst kurz vor der
Zeitmessung aufgegeben. Zur Beurteilung der Standfestigkeit des Schmiermittels wurde versucht, das Kriterium für den Übergang von der stabilen Schmierung zur instabilen zu finden.

Je höher die Drehzahl des Kreisels ist, desto größer ist die Zentrifugalbeschleunigung, die das Schmiermittel aus der Hertz'schen Fläche hinausbe-
fördert, und auch die Reibungsarbeit zwischen konstanten Drehzahldifferenzen,

die in Wärme umgewandelt wird. Um extreme Bedingungen zu vermeiden, wurden die meisten Versuche auf den Drehzahlbereich von 200 auf Null beschränkt. Erst dann, wenn bis zu sehr hohen Belastungen Versuche gefahren wurden und sich zu kurze Zeitdifferenzen ergaben, mußte die Drehzahldifferenz auf 250 - 0 oder 500 - 0 oder gar 750 - 0 erhöht werden. Damit konnte die Herstellung eines zweiten Kreisels mit größerem Trägheitsmoment vermieden werden.

Bei kleinen Reibungsmomenten konnte - je nach der auftretenden Zeitdifferenz - das Drehzahlintervall von 200 auf Null noch weiter unterteilt werden auf eine Drehzahldifferenz von 100, 50, 25 oder gar 12,5 U/min, womit die Schwankungen der Reibungsmomente genauer verfolgt werden konnten. Wegen dieser Streuungen der Meßwerte mußten die Versuche mehrmals (drei- bis zehnmal) wiederholt werden, um sicher zu gehen, ob Extreme oder Mittelwerte vorlagen. Bei geringer Belastung streuten die Reibmomente in einem Bereich von 1 : 2. Bei großen Reibungsmomenten waren die Schwankungen relativ geringer und näherten sich der steigenden Meßungenauigkeit.

Nach einer anfänglichen Untersuchung, welche M e ß w e r t e sich für eine Auswertung am günstigsten eignen (die minimalen, die Mittelwerte oder die maximalen), wurden im wesentlichen nur die minimalen, gemessenen Reibmomente ausgewertet. Bei diesen konnte angenommen werden, daß die optimale Menge des Schmiermittels in der Hertz'schen Fläche vorhanden war. In allen anderen Fällen schien der Schmierungszustand nicht in gleicher Weise reproduzierbar. Insbesondere die höchsten auftretenden Reibungsmomente schwankten stark, wodurch auch der Mittelwert verhältnismäßig ungleich beeinflußt wurde. Dennoch wurden von vielen Versuchen auch die Mittelwerte und die Höchstwerte in Erwägung gezogen, die aber für die zu prüfenden Einflüsse von Normalkraft und Schmiegung keine andere Tendenz aufzeigten. Es erwies sich somit am vorteilhaftesten und am einfachsten, lediglich die minimalen Reibungsmomente unabhängig von der Drehzahl auszuwerten. Die Schwankungen ergeben dann eine Vergrößerung der Reibungszahl μ.

Die Kontaktstellen der Kugeln und Kalotten wiesen im allgemeinen schon bei mittleren Belastungen von 90 bis 200 kg <u>Verschleißspuren</u> auf, ohne daß sich dabei bemerkenswerte Änderungen der Tendenzen im Reibungsmoment ergaben.

Schließlich wurde in einigen Fällen beobachtet, daß bei sehr großen Pressungen ein p l ö t z l i c h   h ö h e r e s   R e i b u n g s m o m e n t auftrat, das sich mit der vorherigen Tendenz in Abhängigkeit von der Belastung nicht in Übereinstimmung steht. Es wird vermutet, daß hierfür Verschleißerscheinungen maßgeblich waren. Es wurde versucht, diese Pressungsbelastung als eine Kennzeichnung der Öleigenschaft auszuwerten und sie mit den Ergebnissen von Versuchen mit dem Vierkugelapparat zu vergleichen. Die anderen anstehenden Versuche waren jedoch so umfangreich, daß dieser Gedanke vorerst aufgegeben werden mußte. Die erreichten Grenzbelastungen schwankten sehr und hingen anscheinend auch von der Vorgeschichte (des vorher erreichten Verschleißes), von der Wärme- und Temperaturentwicklung (also auch von der Reibungsarbeit und der Zeitdauer) bei der Versuchsreihe ab. Entsprechende Punkte sind bei der Darstellung der Versuche zur Ermittlung der Kraftabhängigkeit des Reibungsmomentes angegeben.

Bemerkenswert scheint noch ein e l a s t i s c h e r   E f f e k t   d e r   S c h m i e r m i t t e l (bei Ölen ebenso beobachtet wie bei Fett) zu sein: Beim Übergang in den Stillstand federt der Kreisel gelegentlich sichtbar um einen ganz geringen Betrag zurück. Je geringer die Belastung war, desto deutlicher war dieser Effekt zu bemerken. Am äußeren Radius der Kreiselscheibe (125 mm) betrug dieser Pendelweg schätzungsweise bis zu 1 mm. Gelegentlich wurden sogar mehrere Perioden dieser Schwingung festgestellt. Mit zunehmender Belastung wurde die Dämpfung stärker, die beobachteten Perioden wurden weniger und ihre Ausschläge geringer.

54. <u>Versuchsergebnisse bei reiner Bohrbewegung ohne Wälzbewegung</u>

Unter dem leitenden Gedanken, die Einflußfaktoren bei einer Beurteilung einzeln zu erfassen, mußten die nicht zu untersuchenden Einflüsse möglichst konstant gehalten werden. Die Auswertung geschah mit Hilfe der Gleichung (15) für die Paarung Stahl auf Stahl:

$$M_{bo} = 5{,}1 \cdot 10^{-3} \, \mu \, P^{4/3} \, r_o^{1/3} \, \zeta^2 \eta^2 \quad (\text{cmkg}), \tag{23}$$

worin

$$r_o = \frac{2}{1/r_1 + 1/r_2 + 1/r_3 + 1/r_4} \tag{24}$$

und für die Hohlkrümmungen r_2 und r_4 negative Beträge einzusetzen sind.

541. Bestimmung der Abhängigkeiten des Reibungsmomentes bei <u>kreisförmiger</u> <u>Hertz'scher Fläche</u> ($\xi = \eta = 1$, $r_1 = r_3$, $r_2 = r_4$):

5411. <u>Abhängigkeit von der Belastung</u>

Bei dem großen Teil der Versuche mit Schmiegungen $d_1/d_2 < 0,9$ ergaben sich bei Auftragung der ausgewerteten Reibungsmomente über der Belastung (so wie die Versuche gefahren wurden) Abhängigkeiten mit $P^{4/3}$, wie sie der einfachen Theorie mit konstanten Reibungskoeffizienten in den Hertz'schen Flächen entsprachen. Diese Abhängigkeit von der Belastung $P^{4/3}$ zeigt sich bis zu sehr hohen Belastungen auch bei Verschleiß an den Oberflächen, bis die Berührungsflächen verschweißen, wodurch die Reibungszahl plötzlich stark ansteigt (s. Tabelle 1 und 2 sowie Bild 12 bis 15). Sofort danach konnte jeweils im gleichen Schmierungszustand durch einen erneuten Versuch mit stark verminderter Last wiederum ein Abfallen des Reibungsmomentes mit $P^{4/3}$ nachgewiesen werden (s.a. Bild 12 und 14, sogar noch nach dem Fressen). Dies bedeutet, daß trotz veränderlicher Belastung die Reibungszahl konstant bleibt. In Bild 12 sieht man aber auch Streuwerte der Reibung schon bei niederer Belastung, die der Reibungszahl beim Fressen gleichkommen. Sie sind nur durch besonderen Mangel an Schmiermitteln in der Hertz'schen Fläche zu erklären.

5412. <u>Abhängigkeit von der Geometrie (r_o bezw. d_o)</u>

Die Kombinationen von Kugeln in Kugelkalotten ergeben bei großen Schmiegungen auch große Vergleichsdurchmesser. Vergleichsdurchmesser von 20 cm sind bereits für die heutigen schnellaufenden Reibgetriebe sehr große Abmessungen. In diesem Bereich konnte keine zusätzliche Abhängigkeit des Reibungskoeffizienten vom Vergleichsdurchmesser d_o festgestellt, also die Theorie bestätigt werden (s. Bild 18). Deshalb wurden für die Versuche mit größerem d_o auch die Belastungen und das Kreiselträgheitsmoment nicht weiter gesteigert. Dennoch wurden größere Schmiegungen mit 20 bis ca. 43 mm $\emptyset$ Kugeln untersucht, wobei allerdings die Hertz'schen Pressungen bezw. P/d_o^2 nur gering sein konnten. Übliche Belastungen von Stahl-auf-Stahl-Reibgetrieben liegen etwa zwischen P/d_o^2 = 1 bis 20 kg/cm^2 [*]. Bei kleineren Belastungen P/d_o^2 ergeben sich andere Abhängigkeiten des Reibungsmomentes von der Belastung. In der Größenordnung P/d_o^2 = 0,01 ... 1,0 [**] wachsen die Reibungsmomente etwa proportional mit der Belastung P, d.h. unabhängig von der Größe der Hertz'schen Fläche, so daß der theoretische Ansatz in diesem Bereich nicht mehr gilt.

___

[*] p_o = 100 ... 270 kg/mm^2 [**] p_o = 30 ... 100 kg/mm^2

Tabelle 1 : Kreisel-Auslaufversuche bei kreisförmiger Hertz'scher Fläche
mit Fett FM als Schmiermittel

Kugel d_1 mm	Kalotte d_2 mm	Schmiegung d_1/d_2 -	Vergleichs ⌀ d_o mm	Test-Bereich p_o min max kg/mm²	Reibungszahl μ $\mu = \dfrac{M_b \cdot 10^3}{5,1\,P^{4/3}\,r_o^{1/3}}$ P....kg r_o...cm M_b...kgcm
11	100	0,11	12,36	150 446	0,11 = const.*) μ_{max} = 0,235
15	100	0,15	17,64	110 353	0,11 = const.*) μ_{max} = 0,14
20	100	0,2	25,0	87 243	0,11 = const.*) μ_{max} = 0,17
30	100	0,3	42,9	61 221	0,11 = const.
41,274	100	0,41	70,3	93 197	0,11 = const. bis p_o = 169 *) μ_{max} = 0,14 ***) p_o = 197; μ = 0,35
11	90	0,12	12,54	148 643	0,129 = const.*) 0,092, μ_{max} = 0,28
15	90	0,17	18,0	108 347	0,123 = const.*) μ_{max} = 0,156
20	90	0,22	25,74	86 240	0,106 = const.*) μ_{max} = 0,13
30	90	0,33	45,0	59 272	0,124 = const.*) 0,106, μ_{max} = 0,136
41,274	90	0,46	76,3	89 178	0,104 = const.*) μ_{max} = 0,133
11	77	0,14	12,9	145 375	0,11 = const. *)μ_{max} = 0,2 ***) p_o = 375 ; μ = 0,38
15	77	0,20	18,74	229 338	0,13 = const.*) 0,11, μ_{max} = 0,146(0,3)
20	77	0,26	27,0	179 232	0,123 = const.*) 0,11, μ_{max} = 0,145
30	77	0,39	49,2	120 203	0,105 = const.*) μ_{max} = 0,145 sh. Oberflächenvermes. in Bild 13
41,274	77	0,54	88,9	31,4 ... 133	0,108 = const.*) 0,09, μ_{max} = 0,175
11	65	0,17	13,22	143 531	0,09 = const.*) sh. Bild 12 ***) p_o = 531 ; μ = 0,30
15	65	0,23	19,5	223 330	0,107 = const.*) μ_{max} = 0,14
20	65	0,31	28,92	171 222	0,116 = const.*) 0,09, μ_{max} = 0,15
30	65	0,46	55,6	111 187	0,115 = const.*) μ_{max} = 0,133
41,274	65	0,64	133	34,5 ... 102	0,107 = const.*) μ_{max} = 0,21
11	45	0,24	15,78	127 452	0,133 = const. bis P/d_o^2 = 80 : *) 0,098....μ_{max} = 0,21 ***) ab p_o = 433 starkes Steigen μ = 0,4
15	45	0,33	22,46	202 300	0,144 = const.*) 0,102, μ_{max} = 0,13
20	45	0,44	36,0	148 192	0,155 = const.*) μ_{max} = 0,146
30	45	0,67	90	39,5 ... 131,5	**) 0,2..0,15..0,118..0,108, μ $P^{-1/3}$
41,274	45	0,92	498,5	12,7 ... 42	**) 0,184 0,095 0,06 μ $P^{-1/3}$
42,885	45	0,955	913	8,5 ... 35,6	**) 0,31..0,1..0,077..0,024..0,017 $\mu \sim P^{-1/2}$ sh. Bild 16

Fortsetzung von Tabelle 1

Kugel d_1 mm	Kalotte d_2 mm	Schmierung d_1/d_2 -	Vergleichs ø d_o mm	Test-Bereich p_o min max kg/mm²	Reibungszahl μ $\mu = \dfrac{M_b \cdot 10^3}{5{,}1\ P^{4/3} r_o^{1/3}}$ $P\ldots$kg $r_o\ldots$cm $M_b\ldots$kgcm
11	33	0,33	16,5	127 583	0,113 = const.[*] μ_{max} = 0,27 sh.Bild 14
15	33	0,455	27,5	176 350	0,111 = const.[*] 0,095..μ_{max}=0,145 sh.Bild 15 [***] p_o = 350 ; μ = 0,352
30	33	0,91	330	17 55	[**] 0,24....0,088....0,067 $\mu \sim P^{-1/3}$ .... $P^{-1/6}$
31,77	33	0,962	852	9 32	[**] 0,24....0,09....0,07...0,067 $\mu \sim P^{-1/3}$ .... $P^{-1/6}$
32,0	33	0,97	1055	8 26	[**] 0,34..0,1..0,07..0,05 $\mu \sim P^{-1/3}$ .... $P^{-1/6}$
20	22	0,91	220	44 72	[**] 0,33..0,14..0,12..0,095..0,082 $\mu \sim P^{-1/3}$
21	22	0,955	462	13,4 ... 44	[**] 0,3..0,13..0,08..0,067 $\mu \sim P^{-1/3}$
15	20	0,75	60	52 ... 171	0,103 = const.[*] 0,084..μ_{max}=0,22
18,255	20	0,913	209,3	31 ... 80	0,101 = const.[*] μ_{max} = 0,18
				22,2 ... 31	[**] 0,18.....0,101 [*] μ_{max} = 0,27 $\mu \sim P^{-1/3}$
19	20	0,95	380	15,2 ... 49,4	[**] 0,155...0,085...0,063 $\mu \sim P^{-1/3}$ sh. Bild 17a
19,845	20	0,993	2560	4,5 ... 17	[**] 0,12,0,091,0,042,0,027,0,0215 $\mu \sim P^{-1/3}$ sh. Bild 17b
19,995	20	1	80 m	P = 5 ... 325 kg p_o sehr klein 0,4 1,7	$M_b \sim f\ (P^{6/9} \ldots P^{7/9})$ P = 5 kg M_b = 45 cmgr P = 325 kg; M_b = 1000 cmgr Streuungen ± 30.....50 °/o
15	17	0,892	12,75	31,4 104	0,096 [*] 0,079 ... μ_{max} = 0,156

[*] Streuung der Reibungsmomente von μ bis μ_{max}

[**] Bei zunehmender Belastung nimmt die Reibungszahl, die
mit $P^{4/3}$ berechnet wurde, ab und zwar mit $\mu \sim P^{-n}$.
Das Reibungsmoment wächst also mit $P^{(4/3-n)}$.

[***] Beginn des sehr starken Verschleißes mit plötzlich erhöhtem Reibungsmoment bei p_o (kg/mm²) bis zu den angegebenen, mit $P^{4/3}$
berechneten Reibungszahlen μ.

Tabelle 2: Kreisel-Auslaufversuche bei kreisförmiger Hertz'scher Fläche
mit verschiedenen Ölen

Kugel d_1	Kalotte d_2	Schmiegung d_1/d_2	Vergleichs-Ø d_o	Test-Bereich p_o min max	Reibungszahl μ $\mu = \dfrac{M_b\ 10^3}{5,1\ P^{4/3}\ r_o^{1/3}}$	M.....cmkg P.....kg r_o....cm
mm	mm	-	mm	kg/mm^2		
Mit Uhrenöl:						
30	100	0,3	42,9	132 222	0,113 = const. [*]	μ_{max} = 0,18
41,274	100	0,41	70,3	95,5.... 168	0,123 = const. [*]	μ_{max} = 0,18
41,274	90	0,46	76,3	89,5.... 158	0,108 = const. [*]	μ_{max} = 0,165
mit Mobilfluid 62:						
41,274	100	0,41	70,3	95,5.... 179	0,103 = const. [*] [***] μ = 0,5	μ_{max} = 0,156 (Bild 22c und 15)
41,274	90	0,46	76,3	179 89,5.... 158 158	0,114 = const. [*] [**] μ = 0,44	μ_{max} = 0,168 (Bild 15)
mit Hypoidöl DGH:						
41,274	90	0,46	76,3	47 147	[**] 0,171...0,111...0,098; $\mu \sim P^{-1/6}$	
41,274	45	0,92	498,5	38,4....48,3 12,7....38,4	0,057 = const. [*] 0,052...μ_{max} = 0,084 [**] 0,152...0,10...0,057 ; $\mu \sim P^{-1/3}$	
mit Shellöl V-9868:						
41,274	90	0,46	76,3	47 147	0,102 = const. [*] μ_{max} = 0,145 (0,22)	
41,274	45	0,92	498,5	29,5....48,3 12,7....29,5	0,07 = const. [*] 0,064 ... μ_{max} = 0,11 [**] 0,14...0,07 $\mu \sim P^{-1/3}$	

Fußnoten : [*] [**] [***]) siehe Tabelle 1

Tabelle 3: <u>Verwendete Schmiermittel</u> (s. a. Tabelle 8 auf Seite 66)
nach Firmenangaben (s. a. Bild 45)

Herkunft und Bezeichnung	physikalische Daten					
BV-Aral-Hochleistungsöle	γ/20 °C	cSt/15 °C	cSt/20 °C	°E	VKA-Wert etwa	
<u>HRT</u>	0,875	34,5	27	3,7/20°C	–	
<u>GW</u>	0,915	1320	885	16,5/50°C	400-500	
<u>DG</u>	0,930	5000	3150	44/50 °C	400-500	
<u>DGH</u> (Hypoid)	0,935	5000	3150	44/50 °C	über 1000	
BV-Spezialfett <u>FM</u>	kalkverseift, Tropfpunkt 98 °C					

Mobil Oil AG,Hamburg <u>Pegasus Mobilfluid 62</u> sehr weit ausraffiniertes Sonderöl mit spez.Zusätzen.Keine geb. oder ungeb. Säuren	γ/15 °C	°E/20 °C	°E/50 °C	Flammpkt.	Stockpkt.	Visc.Ind.
	0,883	3,1	1,6	140 °C	-40 °C	ca. 95
Caltex Oil AG, Hamburg <u>Caltex Regal Oil AA(Ru.O)</u> naphtenbasisches Hydrauliköl m.rost-u. oxydationsverhinderten Zusätzen	0,923	7,4	2,15	166 °C	-46 °C	– 0

Shell AG, Hamburg <u>V-Cl-9868</u> Alkyliertes Naphtaline	γ/20°C 0,949	cSt/20°C 500	°E/20° 65,8	cSt/50°C 44,8	°E/50°C 5,8	cSt/100°C 5,8	°E/100°C 1,46	V.I. -190
	Stockpkt. - 19°C; Neutralisationszahl 0,03; Farbe Union 4-; Asche 0							

H. Tillwich, Stuttgart Sindelfingen <u>R 33 Etsynta-Uhrenöl</u>	γ/20°C 0,887	°E/20°C 24	°E/30 °C 13	NZ 0,07	VZ 19,6	IZ 9,5
	Mineralöl mit einem Anteil Fettöl					

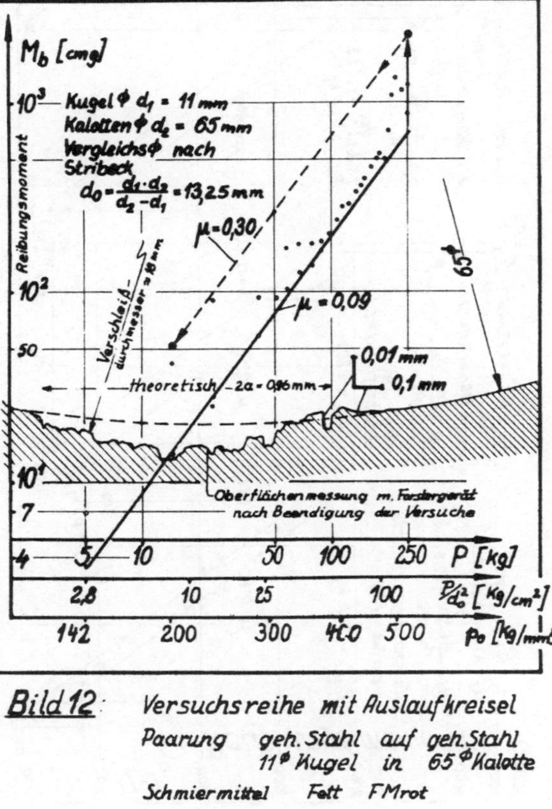

Bild 12: Versuchsreihe mit Auslaufkreisel
Paarung   geh. Stahl   auf geh. Stahl
11⌀ Kugel   in   65⌀ Kalotte
Schmiermittel   Fett FMrot

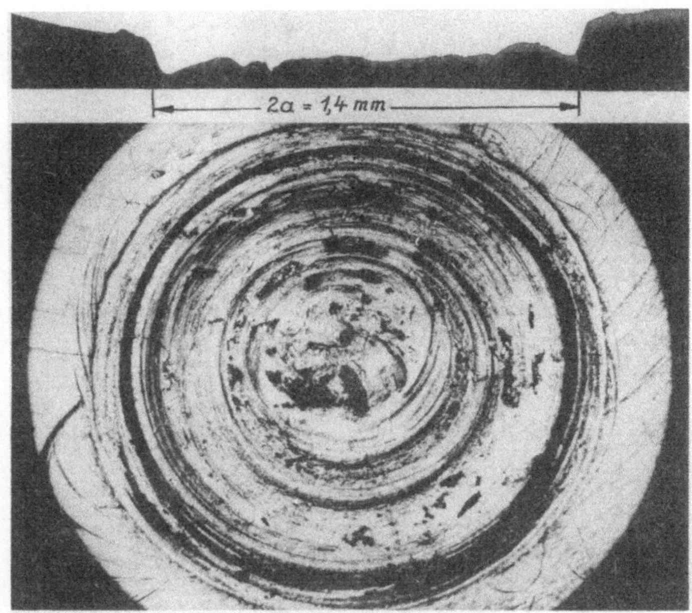
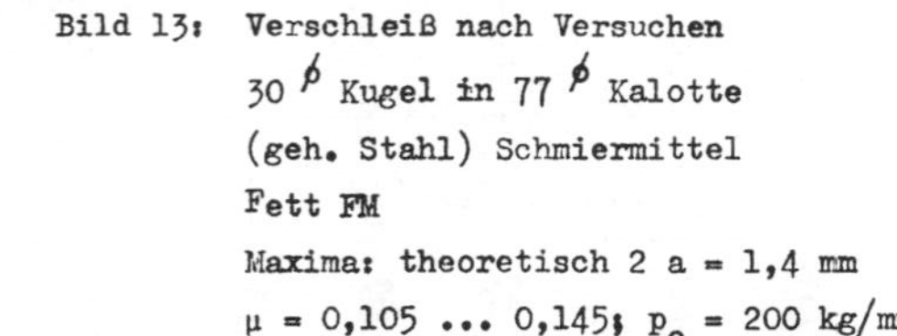

Bild 13: Verschleiß nach Versuchen
30⌀ Kugel in 77⌀ Kalotte
(geh. Stahl) Schmiermittel
Fett FM
Maxima: theoretisch 2 a = 1,4 mm
μ = 0,105 ... 0,145; p_o = 200 kg/mm²

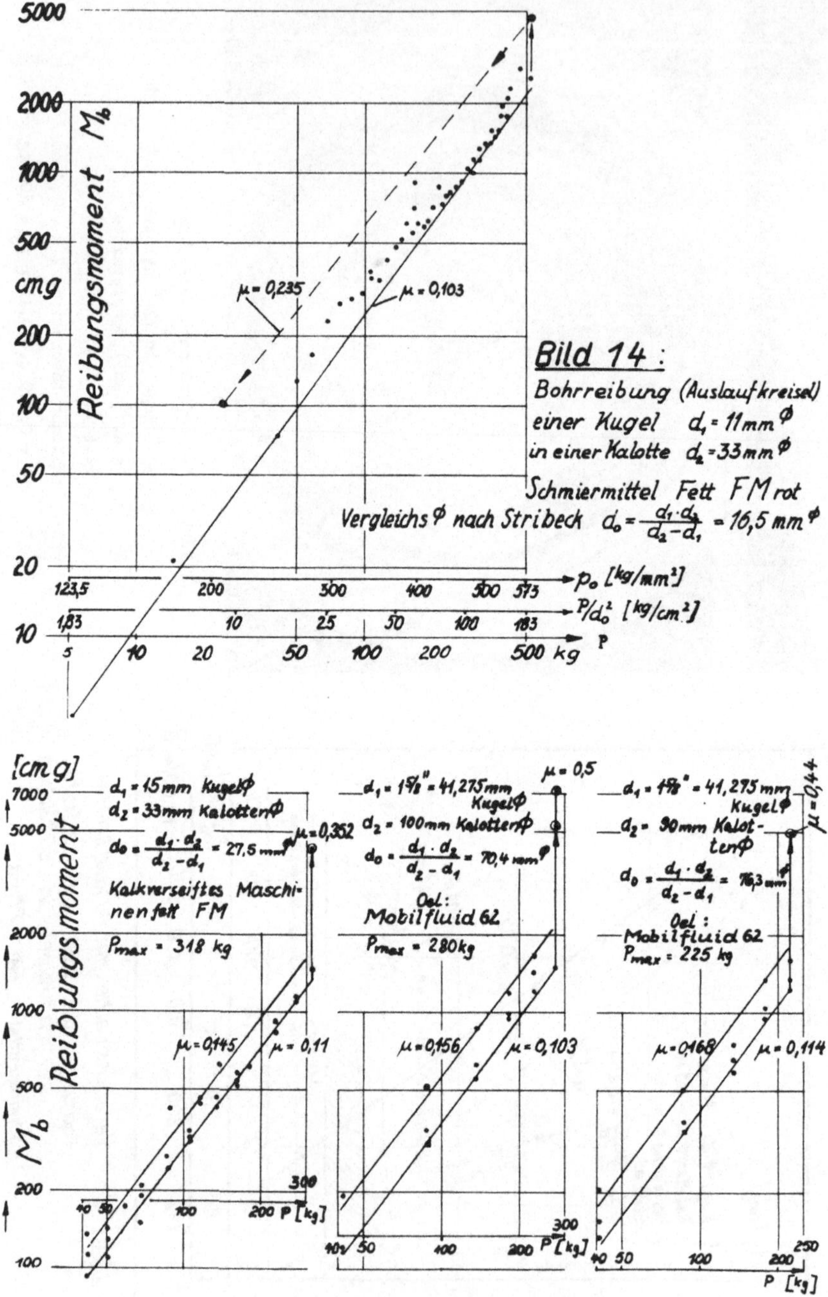

Bild 15: Versuche mit oberer Grenze der Schmiermittelreibung (verschweißartige Erscheinung).

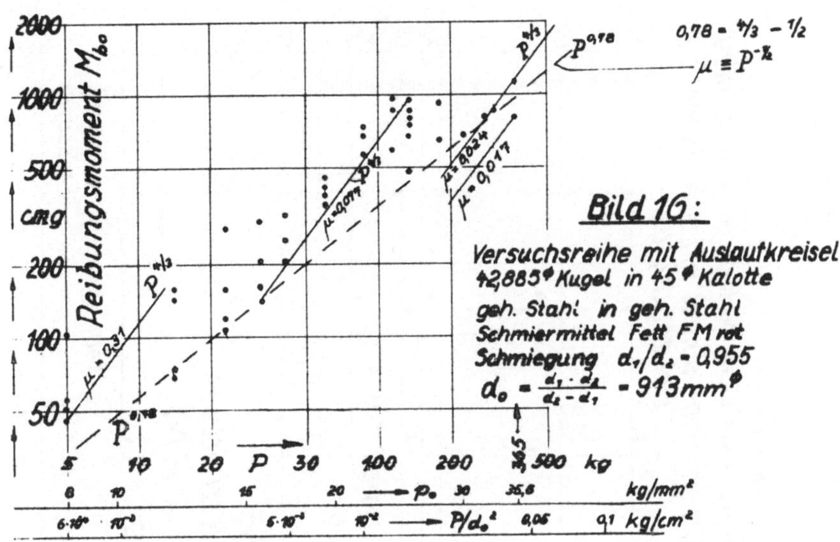
Reibungsmoment M_{bo}
cmg
$P^{4/3}$
$P^{0,78}$
$0,78 = 4/3 - 1/2$
$\mu \approx P^{-1/2}$
$\mu = 0,31$
$\mu = 0,017$
$\mu = 0,024$
$\mu = 0,017$
P
kg
p_o
kg/mm²
P/d_o^2
kg/cm²
Bild 16:
Versuchsreihe mit Auslaufkreisel
42,885 Kugel in 45 Kalotte
geh. Stahl in geh. Stahl
Schmiermittel Fett FM rot
Schmiegung $d_1/d_2 = 0,955$
$d_o = \dfrac{d_1 \cdot d_2}{d_2 - d_1} = 913\,mm$

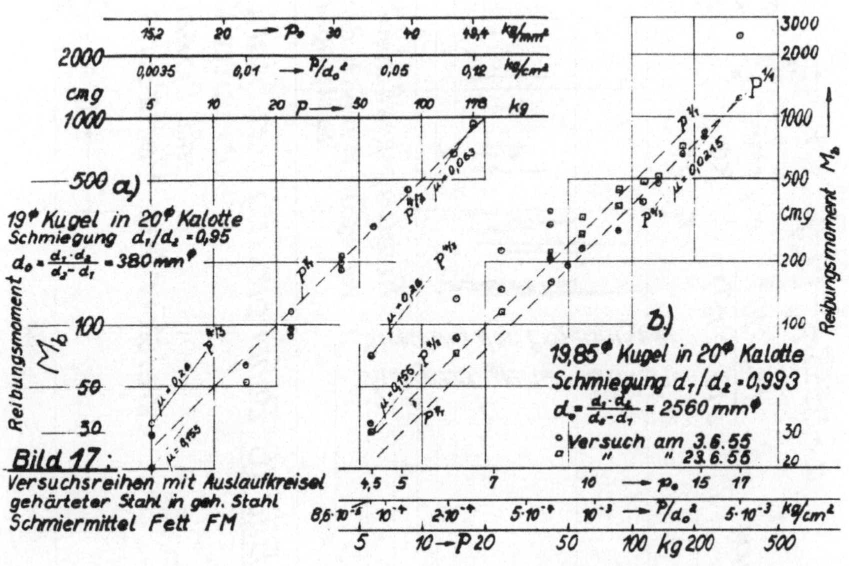
p_o kg/mm²
P/d_o^2 kg/cm²
cmg
p kg
$P^{1/4}$
$\mu = 0,063$
a)
19 Kugel in 20 Kalotte
Schmiegung $d_1/d_2 = 0,95$
$d_o = \dfrac{d_1 \cdot d_2}{d_2 - d_1} = 380\,mm$
Reibungsmoment M_b
$\mu = 0,26$
$\mu = 0,26$
$\mu = 0,55$
$\mu = 0,63$
Bild 17:
Versuchsreihen mit Auslaufkreisel
gehärteter Stahl in geh. Stahl
Schmiermittel Fett FM
$P^{1/4}$
$\mu = 0,0215$
cmg
Reibungsmoment M_b
b)
19,85 Kugel in 20 Kalotte
Schmiegung $d_1/d_2 = 0,993$
$d_o = \dfrac{d_1 \cdot d_2}{d_2 - d_1} = 2560\,mm$
Versuch am 3.6.55
" " 23.6.55
p_o
P/d_o^2 kg/cm²
P kg

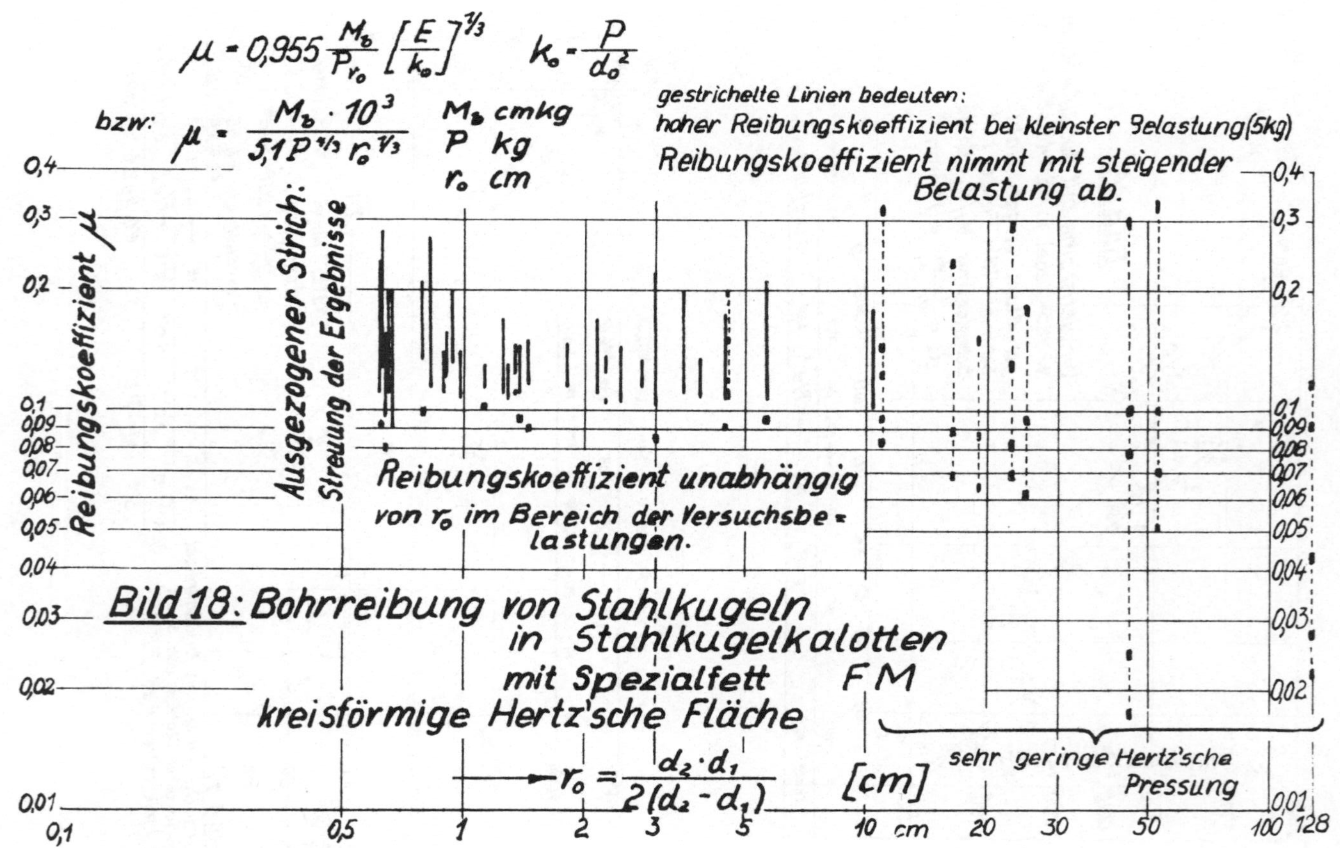

Bild 18: Bohrreibung von Stahlkugeln in Stahlkugelkalotten mit Spezialfett FM, kreisförmige Hertz'sche Fläche

In den Versuchsreihen ergeben sich aber noch stückweise Tendenzen mit $P^{4/3}$ (s. Bild 16 und 17), die der behandelten Theorie entsprechen.

Bei noch kleineren Belastungen ($p_o < 10$ kg/mm^2) zeigen die Reibungsmomente teilweise noch geringere Anstiege mit der Belastung, die wohl auf hydrodynamische Effekte in der Zwischenschicht vielleicht auf geringe Schwingungen der Kreiselachse zurückzuführen sind. Nach der in dieser Arbeit entwickelten Theorie werden auch entsprechend niedrige Reibungszahlen bis herab zu 0,02 ausgewertet. Für diese Fälle ist es interessant festzustellen, daß die großen Reibungszahlen sich bei kleiner Belastung und die extrem geringen Reibungszahlen sich bei den hier höchsten Belastungen ergeben. Um auch für diese Ergebnisse den Anschluß an den Bereich der Gültigkeit der entworfenen Theorie zu finden, hätte der Variationsbereich der Versuche noch weiter gesteigert werden müssen. Der mittlere Hertz'sche Flächendruck $2 p_o /3$ ging bei den größeren Vergleichsdurchmessern zurück bis auf $25 \ldots 10 \ldots 3$ kg/mm^2.

542. Bestimmung der Abhängigkeit des Reibungsmomentes bei elliptischer Hertz'scher Fläche

5421. Abhängigkeit von der Belastung

Ähnlich wie bei kreisförmiger Hertz'scher Fläche zeigt im Bereich üblicher Wälzgetriebe-Pressungen ($p_o > 100$ kg/mm^2) der Anstieg des Bohrreibungsmomentes mit der Belastung, die in der Theorie (Gl. 23) enthaltene Potenzabhängigkeit mit $P^{4/3}$, wodurch sich für eine Versuchsreihe ein gleichbleibender Reibungskoeffizient ergibt (Tabelle 4 und 5). Die Streuungen der Ergebnisse liegen auch in derselben Größenordnung wie vorher.

Bei kleineren Belastungen ($p_o < 80$) zeigt sich hier ein Übergang zu einer geringeren Potenzabhängigkeit $P^{1/1}$ (s. Bild 20), ähnlich wie bei den kreisförmigen Hertz'schen Flächen mit größeren Schmiegungen.

Trotzdem die Berührungsellipsen keine exakten elliptischen Konturen aufweisen (s. Bild 19), wegen der Grenzen der Oberflächenbearbeigung, ist es befriedigend, daß die Belastungsabhängigkeit im praktischen Bereich der Theorie entspricht.

5422. **Abhängigkeit von der Geometrie** (ξ, η, r_0)

Ist im Vorherigen die Abhängigkeit von der Belastung nur jeweils als Tendenz innerhalb einer Versuchsreihe, in der ξ, η, und r_0 konstant sind, betrachtet worden, so müssen diese jetzt untereinander verglichen werden. Zur besseren Kenntlichmachung wurden hier in Bild 21 nicht die Streubereiche, die aus der Tabelle 4 und 5 zu ersehen sind, mit angegeben, sondern lediglich die minimalen ermittelten Reibungszahlen, wie sie sich aus der theoretischen Formel ergeben, und zwar für eine mittlere Versuchsbelastung von P = 100 kg, in der der für die Reibgetriebe besonders interessante Pressungsbereich von 1 bis 20 kg/cm^2 gut herauskommt. Die Auftragung zeigt nicht wie Bild 18 eine Konstanz der Reibungszahl, sondern einen Abfall mit etwa $r_0^{-1/6}$.

Innerhalb einer Versuchsreihe mit einer Rille steigt mit zunehmender Schmiegung nicht nur r_0, sondern auch der Faktor $(\xi \cdot \eta)^2$, d.h. dieEllipsen der Berührungsfläche werden immer schlanker. Nun sind für die großen Rillen C und D (rechts in Bild 21) die Schmiegungen besonders groß gewählt worden.

Der Abfall der Reibungszahl mit zunehmendem r_0 und $(\xi \cdot \eta)^2$ läßt sich für die Versuche wie folgt erklären:

    a) Die Ellipsen sind bei starker Schmiegung nicht mehr eben, wie in der Theorie angenommen. Die Hebelarme der Reibungskräfte mit großem Einfluß auf das Moment bei 2/3 bis 3/4 der langen Halbachse sind im Versuch geringer.

    b) Wie aus dem Verschleißbild (Bild 19) erkennbar, ist die Reibung im inneren Vollkreis mit der kleinen Ellipsenachse etwas größer, während in der Theorie konstante Reibungszahl über die ganze Fläche angenommen wurde. Im Außenteil der Ellipse ist es auch möglich, daß das Schmiermittel immer wieder in die Berührungsfläche hineinkommt, so daß dadurch außen die Reibungszahl bei abnehmender Pressung geringer wird.

Gegenüber Bild 18 bei kreisförmiger Hertz'scher Fläche nehmen hier in Bild 21 mit größerem r_0 auch die Reibungszahlen, ausgehend von etwa gleichen Werten bei kleinerem r_0, leicht ab.

Da aber bei wandernden Hertz'schen Flächen der Einfluß des stationären, sich nicht mit Schmiermitteln erneuernden Innenkreises wegfällt, kann angenommen werden, daß man mit der Annahme einer konstanten Reibungszahl über die ganze Hertz'sche Fläche nicht allzuweit von der Wirklichkeit entfernt bleibt.

543. Einfluß des Schmiermittels

In V o r v e r s u c h e n mit der kleinen Versuchseinrichtung (S 20)
sind sehr viele Schmiermittel untersucht worden.

Die Reibung konnte bei quasi trockener Paarung Stahl auf Stahl mit
$\mu > 0,6$ gemessen werden. Zur Vorbereitung wurde Kugel und Kalotte mit
Benzin-Wattebausch behandelt und nach dem Abtrocknen der Versuch ausgeführt.

Die geringste Reibung wurde mit tierischen Fetten (Speck) mit $\mu < 0,07$
erzielt, während mit Hypoidöl die untere Grenze der Normalöle und Fette
mit $\mu \approx 0,09$ erreicht wurde. Hierin drückt sich also der bekannte Einfluß
der Fettsäuren und entsprechenden Additive aus.

Die normalen Mineralöle zeigten Reibungszahlen in der Größenordnung von
0,09 bis 0,2. Eine vollkommene Ordnung nach Nennviskosität bei 1 atü und
Nenn-Temperaturen von 20 bzw. 50°C war hier nicht möglich, obwohl die
dickeren Öle mit ihrer höheren Viskosität im allgemeinen eine größere Reibungszahl in dem angegebenen Bereich aufwiesen. Natronverseiftes Fett mit
einem Tropfpunkt von 150°C zeigte Reibungszahlen etwa wie die Hypoidöle,
während kalkverseiftes Fett mit einem Tropfpunkt von etwa 100°C sich etwa
ebenso wie die Mineralöle verhielt.

Bei den in der vorliegenden Arbeit beschriebenen Versuchen an dem g r o -
ß e n K r e i s e l p r ü f s t a n d   wurden aus praktischen Erwägungen Versuche mit quasi trockener Reibung sowie mit tierischen und pflanz-
lichen Ölen und Fetten nicht mehr durchgeführt. Die Mineralöle und Fett FM
zeigten Schwankungen wie bei den Vorversuchen im Bereich von $\mu = 0,1$
bis 0,2 bei den vorwiegend interessierenden Belastungen $p_0 > 50$ kg/mm^2
bei kreisförmiger ebenso wie bei elliptischen Hertz'schen Flächen. Das
untersuchte Hypoidöl DGH zeigt in allen Fällen eine Reibungszahl, die an
der unteren Grenze der untersuchten Schmiermittel liegt. Fett FM liegt
etwa gleichwertig. Die anderen untersuchten Schmiermittel unterscheiden
sich infolge der Streuungen der Meßwerte wenig. Z.B. liegt das V-Öl-9868
bei kreisförmiger Hertz'scher Fläche mit $\mu = 0,102$ mit am niedrigsten,
während bei elliptischer Hertz'scher Fläche mit $\mu = 0,111 \dots 0,127 \dots$
0,133 die größten Reibungszahlen erzielt wurden.

Tabelle 4: __Kreisel-Auslaufversuche bei elliptischer Hertz'scher Fläche__

Rille A mit d_2 = 55,010 mm und d_4 = 11,99 (bzw. 55,124 und 12,02) mit versch. Schmiermitteln

Kugel d_1 (mm)	Schmiegungen d_1/d_2 (-)	d_1/d_4 (-)	Vergl. ∅ d_o (mm)	$\cos \vartheta$ (-)	$(\xi\eta)^2$ (-)	min...max. p_o (kg/mm^2)	$\mu = \dfrac{M_b \cdot 10^3}{5,1\ P^{4/3} r_o^{1/3} (\xi\eta)^2}$
Schmiermittel Fett FM							
4,498	0,082	0,375	5,84	0,1925	1,03	246...727	0,116 = const. *) 0,10...μ_{max} = 0,205 (0,34)
4,995	0,091	0,417	6,69	0,2209	1,035	223...730	**) (0,26)...0,17...0,15...0,13.............$\mu \sim P^{-1/4}$
5,55	0,101	0,463	7,45	0,2551	1,04	207...366	**) (0,3) ...0,18...0,14.............$\mu \sim P^{-1/2}$
						366...614	0,136 = const. *) μ_{max} = 0,27
5,985	0,109	0,499	8,61	0,280	1,045	188...373	**) 0,295...0,16...0,134...0,107.............$\mu \sim P^{-1/2}$
						373...507	0,107 = const. *) μ_{max} = 0,27
7,5	0,136	0,625	12,13	0,401	1,078	147...436	**) 0,163...0,13...0,112.............$\mu \sim P^{-1/6}$
7,99	0,145	0,672	13,48	0,445	1,09	136...446	0,102 = const. *) 0,078...μ_{max} = 0,125
8,49	0,154	0,708	14,96	0,4942	1,125	125...371	**) 0,297...0,195...0,125...0,112.............$\mu \sim P^{-1/6}$
10,308	0,188	0,86	21,94	0,7189	1,375	87...288	**) 0,20...0,167....0,156...0,135...0,105.....$\mu \sim P^{-1/6}$
11,11	0,202	0,925	25,58	0,8461	1,70	71...187	**) 0,35...0,22...0,14.............$\mu \sim P^{-1/3}$
						199...233	0,126 = const. *) μ_{max} - 0,18
11,992	0,218	0,998	30,75	0,994	6	34... 99	μ wegen großer Ungenauigkeit von $(\xi\eta)^2$ nicht berechenbar $M_b \sim P^{7/6}$ d. h. $\mu \sim P^{-1/6}$
Schmiermittel BV-Öl DGH (Hypoid)							
5,505	0,100	0,458	7,65	0,2965	1,05	203...600	0,106 = const. *) μ_{max} = 0,20
8,00	0,145	0,667	13,46	0,4345	1,085	137...405	0,105 = const. *) μ_{max} = 0,158
11,01	0,200	0,918	24,8	0,8115	1,555	76...250	**) 0,20...0,14...0,112...0,092.............$\mu \sim P^{-1/6}$
Schmiermittel Shell V-Öl 9868							
5,505	0,100	0,458	7,65	0,2965	1,05	203...572	0,133 = const. *) μ_{max} = 0,184 (0,35)
8,00	0,145	0,667	13,46	0,4345	1,085	137...405	0,127 = const. *) μ_{max} = 0,27
11,01	0,200	0,918	24,8	0,8115	1,555	76...250	0,111 = const. *) 0,099...μ_{max} = 0,175
Schmiermittel BV-Öl HRT							
5,505	0,100	0,458	7,65	0,2965	1,05	203...459	0,1085 = const. *) μ_{max} = 0,142 (0,22)
8,00	0,145	0,667	13,46	0,4345	1,085	137...310	0,105 = const. *) μ_{max} = 0,236
11,01	0,200	0,918	24,8	0,8115	1,555	76...196	0,108 = const. *) 0,098...μ_{max} = 0,152 (0,183)

__Fußnote:__ *) Streuung der Reibungsmomente von μ bis μ_{max}

**) bei zunehmender Belastung nimmt der Reibungskoeffizient, der mit $P^{4/3}$ n.Gl.23 berechnet wurde, ab und zwar mit $\mu \sim P^{-n}$. Das Reibungsmoment wächst also mit $P^{(4/3-n)}$

Tabelle 5: __Kreisel-Auslaufversuche mit elliptischer Hertz'scher Fläche__

Verschiedene Rillen mit Schmiermittel BV-Fett FM (sh. auch Bild 36)

$$\mu = \frac{M_b \cdot 10^3}{5,1 \cdot P^{4/3} r_o^{1/3} (\xi\eta)^2}$$

Kugel d_1 mm	Schmiegungen d_1/d_2 -	Schmiegungen d_1/d_4 -	Vergl. $\emptyset$ d_o mm	$\cos\vartheta$ -	$(\xi\eta)^2$ -	min..max P_o kg/mm²	$\mu = \dfrac{M_b \cdot 10^3}{5,1 \cdot P^{4/3} r_o^{1/3}(\xi\eta)^2}$
Rille B mit d_2 = 109,43 und d_4 = 22,14 mm							
11,00	0,100	0,497	15,7	0,2723	1,043	126...413	0,101 = const. *) μ_{max} = 0,218
15,00	0,137	0,677	25,35	0,4562	1,09	90...293	0,099 = const. *) 0,088...μ_{max} = 0,178
18,255	0,167	0,753	36,2	0,651	1,26	66...215	0,094 = const. *) 0,086...μ_{max} = 0,166
20,000	0,183	0,903	43,8	0,789	1,54	52...171	**) 0,172...0,099...0,070.................$\mu \sim P^{-1/6}$
20,995	0,192	0,947	48,75	0,8795	1,90	44...143	**) 0,068...0,047.........................$\mu \sim P^{-1/6}$
Rille C mit d_2 = 191,5 und d_4 = 34,1 mm							
11,00	0,058	0,323	13,56	0,1637	1,02	140...528	0,102 = const. *) μ_{max} = 0,18 ***) 0,24 ab P_o=463
20,00	0,105	0,588	30,6	0,368	1,06	81...300	0,102 = const. *) 0,093...μ_{max} = 0,208
30,161	0,158	0,884	63,0	0,758	1,45	43...177	0,086 = const. *) μ_{max} = 0,166
32,00	0,167	0,909	72,0	0,864	1,82	35...130	0,078 = const. *) μ_{max} = 0,175
33,338	0,174	0,978	78,5	0,947	2,54	74...104	0,072 = const. *) μ_{max} = 0,0925
						28... 74	**) 0,12...0,092...0,072.............$\mu \sim P^{-1/6}$
34,00	0,178	0,997	82,4	0,988	4,7	47... 74	0,053 = const. *) μ_{max} = 0,071
						20... 47	**) 0,094...0,057...0,053.............$\mu \sim P^{-1/6}$
Rille D mit d_2 = 249,7 und d_4 = 47,0 mm							
30,0	0,12	0,54	48,4	0,418	1,08	60...219	0,095 = const. *) μ_{max} = 0,208
41,275	0,165	0,88	80,4	0,744	1,43	91...136	0,098 = const. *) μ_{max} = 0,13
						38... 91	**) 0,154...0,098....................$\mu \sim P^{-1/6}$
44,45	0,178	0,947	101,1	0,8752	1,88	57... 89	0,105 = const. *) μ_{max} = 0,135 (0,097)
						28... 57	**) 0,224...0,105....................$\mu \sim P^{-1/3}$
45,00	0,18	0,959	104,1	0,9015	2,03	58... 84	0,094 = const. *) μ_{max} = 0,132 (sh. Bild 20a)
						27... 58	**) 0,193...0,15...0,094..............$\mu \sim P^{-1/3}$
46,038	0,184	0,981	110,0	0,950	2,60	50... 72	0,088 = const. *) μ_{max} = 0,152 (sh. Bild 20b)
						23... 50	**) 0,20...0,138...0,088..............$\mu \sim P^{-1/3}$

__Fußnote:__

*) Streuung der Reibungsmomente von μ bis μ_{max}

**) bei zunehmender Belastung nimmt der Reibungskoeffizient, der mit $P^{4/3}$ nach Gl. 23 berechnet wurde, ab und zwar mit $\mu \sim P^{-n}$. Das Reibungsmoment wächst also mit $P^{(4/3-n)}$.

***) Beginn des sehr starken Verschleißes mit plötzlich erhöhtem Reibungsmoment bei P_o [kg/mm²] bis zu dem angegebenen, mit $P^{4/3}$ nach Gl. 23 berechneten Reibungskoeffizienten μ.

Bild 19: Elliptische Verschleißstellen durch verschiedene Kugeln in
Rillenabschnitten von Kugellageraußenringen nach Versuchen
mit dem Auslaufkreisel.

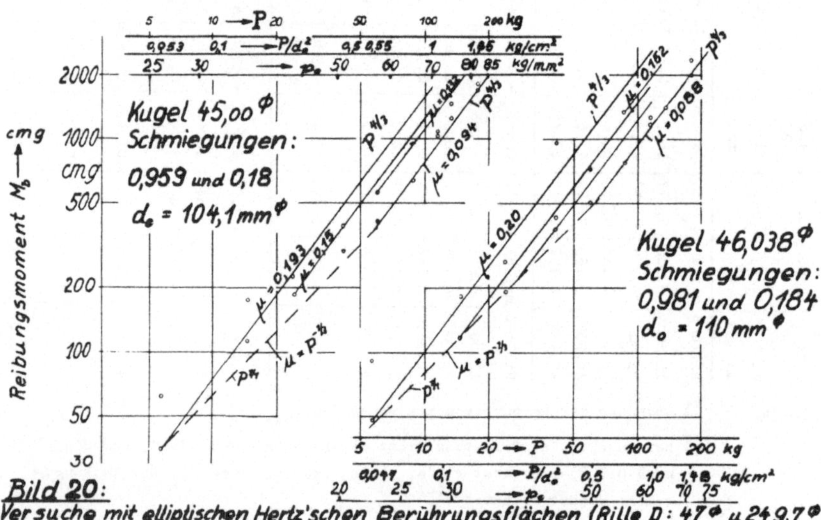

Bild 20:
Versuche mit elliptischen Hertz'schen Berührungsflächen (Rille D: 47 ⌀ u 249,7 ⌀)
bei großer Schmiegung in einer Richtung. Schmiermittel Fett FM

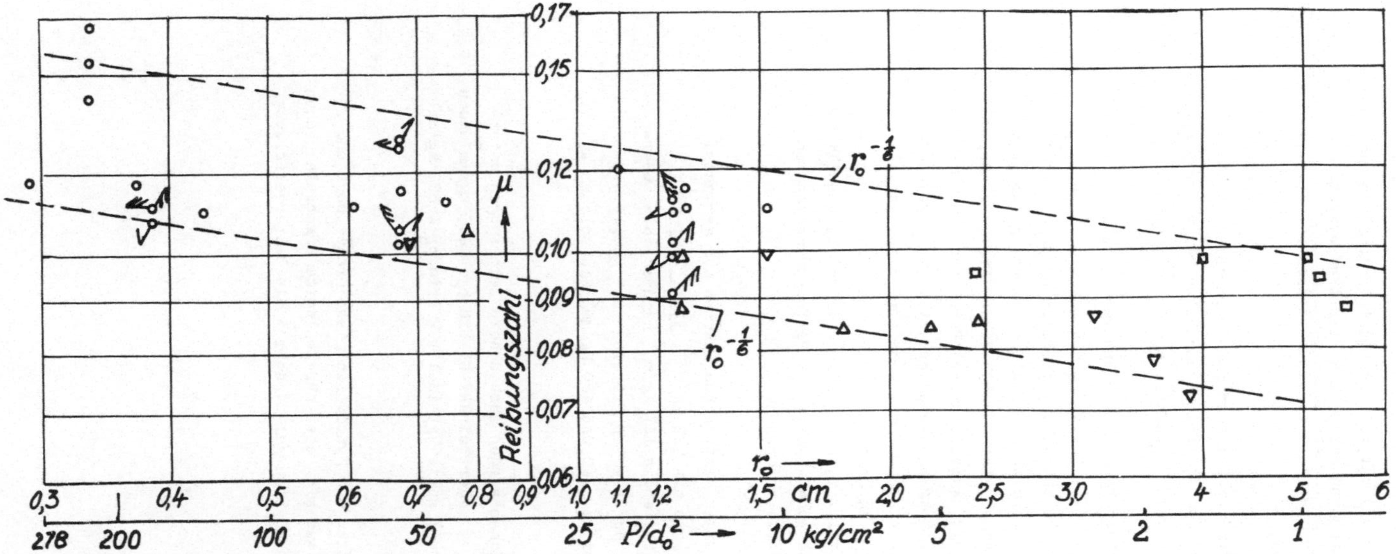

Bild 21: Reibungszahlen elliptischer Hertz'scher Flächen bei Kreiselausläufen in Abhängigkeit vom Schmiegungsradius r_o bei Belastung $P = 100\,kg.$ Kugeln $(d_3 = d_1)$ in Rillen.

$$\frac{1}{r_o} = \frac{2}{d_o} = \frac{2}{d_1} - \frac{1}{d_2} - \frac{1}{d_4}\;; \quad k = P/d_o^2\;; \quad \mu = \frac{0{,}955}{\xi^2\,\eta^2}\frac{M_{bo}}{P\cdot r_o}\left(\frac{E}{k}\right)^{1/3}$$

bzw. mit $E = 2{,}1\cdot10^6\,kg/cm^2$:

$$\mu = \frac{M_{bo}\cdot10^3}{5{,}1\cdot P^{4/3}\,r_o^{1/3}\,(\xi\eta)^2}$$

Schmiermittel	Rille	Zeichen
Spindelöl HRT	A	⟋
Shellöl V9868	A	⟋
Getriebeöl DGH	A	⟋
Fett FM	A	○
Fett FM	B	△
Fett FM	C	▽
Fett FM	D	▢

Es wurde überprüft, ob die oberen (a) und unteren (b) Belastungsgrenzen,
die einige auffallende Abweichungen von der behandelten theoretischen
Kraftabhängigkeit des Reibungsmomentes zeigen, als Kriterien für Schmiermittel festgehalten werden können:

a) <u>Freßgrenze:</u> Der plötzlich über den üblichen Streubereich der Versuchsergebnisse hinausgehende Anstieg des Reibungsmomentes bei hoher Pressungsbelastung wurde bei verschiedenen Versuchsreihen festgestellt.

Dies geschah bei Schmierung mit <u>Fett FM</u> in kreisförmiger Hertz'scher Fläche p_o = 525, sowie bei 435, bei 375, bei 350 und sogar einmal bei
196 kg/mm^2, während bei anderen Versuchsreihen bei Belastungen bis zu 417
und 580, sogar 643 kg/mm^2 noch kein solcher plötzlicher Anstieg festzustellen war. Bei elliptischer Hertz'scher Fläche wurde dieser Effekt einmal
bei 463 bis 528 kg/mm^2 festgestellt, während andere Versuchsreihen bis
über 600, ja teilweise bis fast 730 kg/mm^2 keine wesentlichen Abweichungen von der Theorie M = f $(P^{4/3})$ ergaben. Damit kann aber nicht gesagt
werden, daß bis zu diesen Belastungen keine großen Verschleißerscheinungen aufgetreten wären. Im Gegenteil zeigen die Bilder 12 und 13 erheblichen
Verschleiß, obwohl die praktische Abhängigkeit des Reibungsmomentes von
der Belastung immer noch der Theorie entsprach.

<u>Bei den Ölen</u> wurden bei kreisförmigen Hertz'schen Flächen nur geringere
Belastungen gefahren. <u>Uhrenöl</u> zeigte bis 222 kg/mm^2, <u>Shell V-Öl-9868</u> bis
147 kg/mm^2 und <u>Hypoidöl DGH</u> ebenfalls bis 147 kg/mm^2 kein solches außer-
gewöhnlich kritisches Verhalten. Nur bei den Meßreihen mit <u>Mobilfluid</u>
(Bild 15) trat in zwei Fällen bei ca. 160 und 180 kg/mm^2 ein solcher Anstieg
auf.

Bei elliptischen Hertz'schen Flächen wurden auch höhere Belastungen untersucht und kein plötzlicher Anstieg weder bei HRT-Öl bis p_o = 460 kg/mm^2 noch
bei V-9868-Öl (bis p_o = 572 kg/mm^2) sowie Hypoidöl DGH (bis p_o = 600 kg/mm^2)
festgestellt.

Man sollte erwarten, daß bei Fetten und Hypoidölen diese Grenze hoch und
bei dünnen Ölen niedrig liegt, was sich aber nur teilweise ergab. Da jedoch
keine genaueren Kriterienangaben möglich waren, schied die Weiterverfolgung
dieser Versuchstendenzen aus.

b) <u>Untere Belastungsgrenze mit Übergang zum flacheren Anstieg des</u>
   <u>Reibungsmomentes</u> (gegenüber der Theorie $M = f(P^{4/3})$):

Wie die Tabellen 1, 2, 4 und 5 - Ergebnisse mit dem Zeichen [**] - sowie die
Diagramme in Bild 16 und 17 zeigen, ist der Verlauf des Reibungsmomentes mit
der Belastung im unteren Bereich geringer als mit $P^{4/3}$. Man findet Versuchsreihen mit $P^{7/6}$ und $P^{6/6}$ bei kleineren Belastungen. Bei elliptischen Hertz'-
schen Flächen zeigen viele Versuchsreihen (Tabelle 4 und 5, sowie Bild 20)
einen Übergang zu dem theoretisch erfaßten Verlauf mit $P^{4/3}$. Man könnte an-
nehmen, daß dieser Übergang als Kriterium für einzelne Schmiermittel anzuse-
hen ist.

Bei <u>H y p o i d ö l D G H</u> wurden bei <u>kreisförmiger</u> Hertz'scher Fläche (Tabelle 2) einmal ein solcher Übergang bei einer Belastung $p_o = 38,4$ kg/mm^2
festgestellt, während in einer anderen Versuchsreihe der Übergang noch höher
als 147 kg/mm^2 sein müßte. Bei <u>elliptischer</u> Hertz'scher Fläche (Tabelle 4)
muß dieser Übergang in zwei Versuchsreihen unter 137 bzw. 203 kg/mm^2 gelegen
haben, während ein anderes Mal die Grenze höher als 250 kg/mm^2 sein müßte.

Bei <u>F e t t F M</u> wurde der Übergang neun verschiedene Male bei <u>elliptischer</u>
Hertz'scher Fläche (Tabelle 4 und 5) festgestellt und zwar bei den Belastungen

$\quad p_o = 47 - 50 - 57 - 58 - 74 - 91 - 187 - 366 - 373$ kg/mm^2,

während in zwei anderen Versuchsreihen diese Grenze noch unter 43 und 35 kg/mm^2
liegen müßte. Bei den Versuchen mit kleinen Kugeln in der kleinsten Rille A,
bei der die Übergänge bei den verhältnismäßig hohen Belastungen (187 - 366 und
373 kg/mm^2) festgestellt wurden, sind einerseits auch Messungen vorhanden, wo
dieser Übergang unterhalb 136 kg/mm^2 und andererseits oberhalb 436, ja sogar
einmal oberhalb 730 kg/mm^2 liegen müßte. Bei <u>kreisförmiger</u> Hertz'scher Fläche
konnte mit Fett FM ein Übergang bei $p_o = 31$ kg/mm^2 gemessen werden. In allen
anderen Fällen mußte der Übergang bei größerer Belastung als

$\quad p_o > 17 - 26 - 32 - 35,6 - 42 - 44 - 49,4 - 55 - 72 - 131$ kg/mm^2

oder bei kleinerer Belastung als

$\quad p_o < 31,6 - 32 - 34,5 - 52 - 59 - 61 - 86 - 87 - 93$ usw. liegen.

Bei <u>U h r e n ö l R 3 3</u>, das nur bei kreisförmiger Hertz'scher Pressung
untersucht wurde, müßte der Übergang unterhalb 89,5 kg/mm^2 sein; ebenso bei
<u>M o b i l f l u i d</u>. Bei <u>S h e l l ö l V 9868</u> wurde der Übergang einmal
bei $p_o = 29,5$ kg/mm^2 festgestellt, während bei allen höheren Belastungen immer die Abhängigkeit des Reibungsmomentes $P^{4/3}$ festzustellen war.

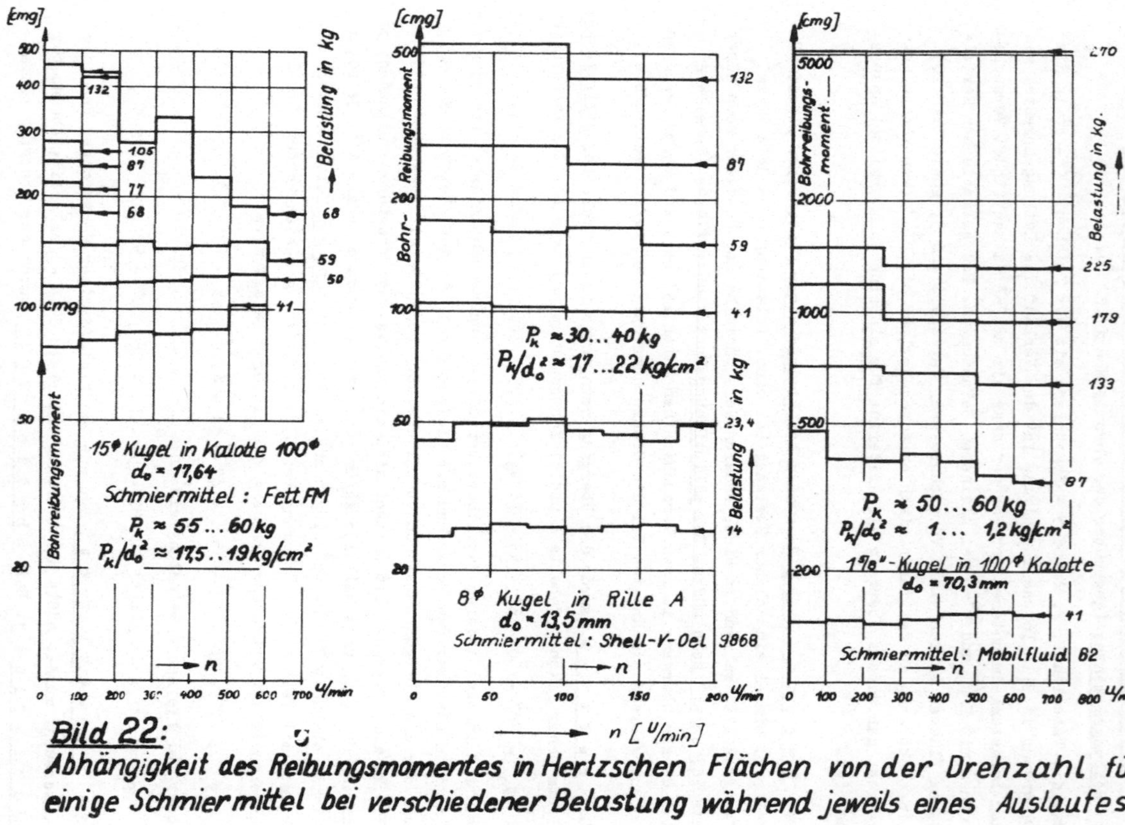

Bild 22:
Abhängigkeit des Reibungsmomentes in Hertzschen Flächen von der Drehzahl für einige Schmiermittel bei verschiedener Belastung während jeweils eines Auslaufes.

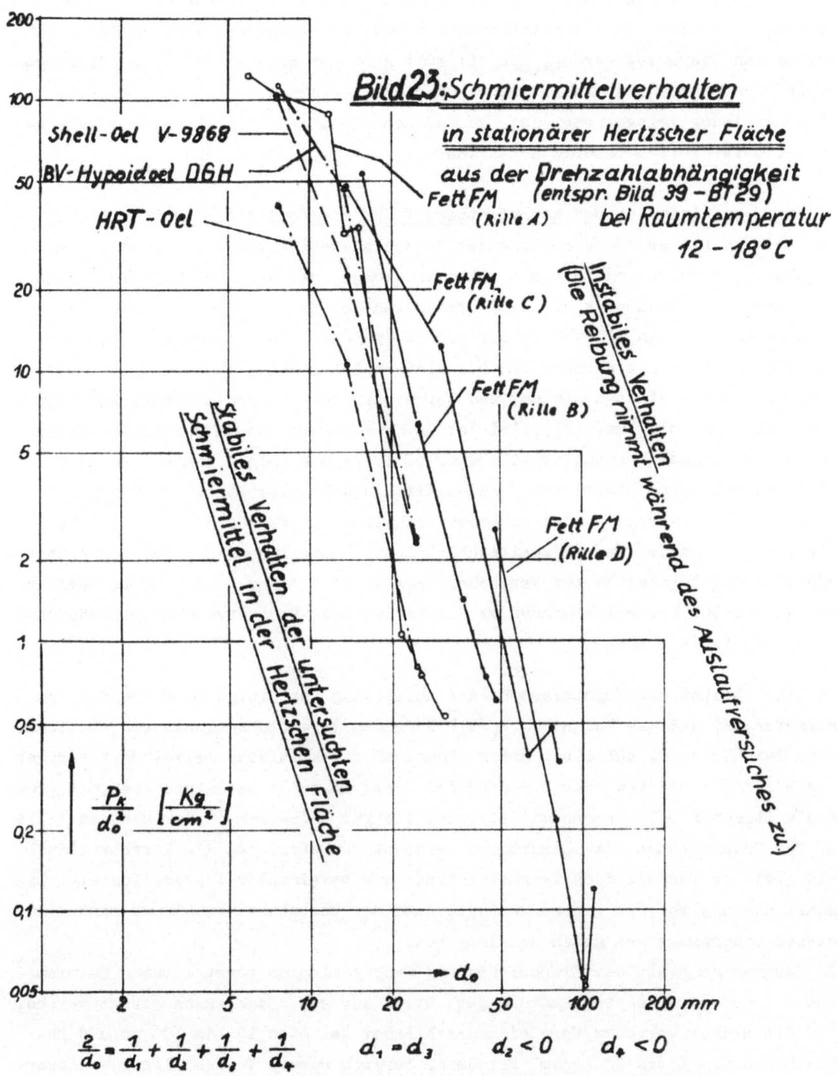

$$\frac{2}{d_o} = \frac{1}{d_1} + \frac{1}{d_2} + \frac{1}{d_3} + \frac{1}{d_4} \qquad d_1 = d_3 \qquad d_2 < 0 \qquad d_4 < 0$$

Reibpaarung geh. Stahl auf geh. Stahl.

d_o = Vergleichsdurchmesser Kugel gegen Ebene

Mit diesen Ergebnissen war es praktisch nicht möglich, ein Maß für die Belastung zu finden, das als Kriterium für bestimmte Schmiermittel gelten könnte. Es kann vermutet werden, daß bei sehr geringer axialer Belastung durch geringe Schwingungen der Kreiselachse Schmiermittelerneuerungen und teilweise Schwimmreibung eingetreten ist, so daß sie nicht mehr den Voraussetzungen der vorher entwickelten Theorie entsprechen.

544. Drehzahleinfluß und Standfestigkeit der Schmiermittel

Wie bereits bei der Beschreibung der Versuchsdurchführung angedeutet wurde, ergaben sich bei allen Versuchsreihen Änderungen des Reibungsmomentes während des Auslaufes. Wenn auch vielfach Streuungen der Reibungsmomente vorlagen, so konnten doch die in Bild 22 in Beispielen dargestellten Tendenzen in den Versuchsreihen verfolgt werden, daß bei kleinen Belastungen das Reibungsmoment während eines Auslaufes abnimmt und bei großen Belastungen zunimmt. Man kann die kritische Belastung (P_k), bei der das Reibungsmoment im Rahmen der Streuungen etwa gerade konstant bleibt während eines Auslaufes, abschätzen. Bei niederer Belastung bleibt das Schmiermittel anscheinend stabil in der Hertz'schen Fläche, während es bei größerer Belastung aus der Hertz'schen Fläche unter Druck und der Zentrifugalbeschleunigung austritt und die Reibung sich erhöht. In den durchgeführten Versuchen ergaben sich diese Kräfte P_k im Bereich von 10 bis 100 kg. Mit abnehmender Schmiegung bzw. kleinerem Vergleichsdurchmesser d_o ist P_k größer.

In Bild 23 sind die Ergebnisse dieser Auswertung für einige Schmiermittel so aufgetragen, daß die Belastung P_k/d_o^2 über dem Vergleichsdurchmesser abzulesen ist. Bei dünnem Öl HRT liegt erwartungsgemäß die kritische Belastung niedriger als bei dickeren Ölen oder bei Hypoidöl. Fett FM zeigt im allgemeinen die größten kritischen Belastungen mit Ausnahme einiger Meßreihen in der kleinen Rille A. Bei Betrachtungen des Diagrammes erkennt man aber, daß die Kurvenverläufe mit gleicher Tendenz doch verhältnismäßig eng beieinander liegen. Für eine Dimensionierung von Spurlagern, entsprechend der Versuchseinrichtung, kann also dieses Diagramm einen guten Anhalt geben.
Im Zusammenhang mit der Dimensionierung von stufenlos verstellbaren Getrieben mit der untersuchten Paarung geh. Stahl auf geh. Stahl kann gesagt werden, daß die bisher üblichen Vergleichsdurchmesser bei etwa 15 bis 100 mm und Belastungen von 1 bis 20 kg/cm^2 gerade im Bereich dieser Kurven liegen. Andererseits bewegen sich aber die Hertz'schen Flächen relativ zu den Wälzkörpern mit verhältnismäßig großer Geschwindigkeit weiter, so daß hierfür wahrscheinlich die kritische Grenze zu höheren Belastungen hin verschoben wird.

6. <u>Versuche mit kombinierter Bohr- und Wälzbewegung ohne Umfangskraft</u>

Die Bewegungsverhältnisse in mechanisch stufenlos verstellbaren Reibgetrieben verlangen zur Leistungsübertragung neben einer Umfangskraft eine
möglichst hohe Abwälzgeschwindigkeit. Die Wälzbewegung hat gegenüber der
reinen in Kapitel 5 behandelten Bohrbewegung den Vorteil, daß das ver-
schleißmindernde und wärmeabführende Schmiermittel immer neu der wandernden Hertz'schen Fläche zugeführt wird und der Verschleiß bei Leistungsübertragung sich auf zwei Kegelstumpfflächen verteilt.

Als Übergang zu den Getriebesystemen sollten aus grundsätzlichen Erwägungen
erst einmal die entsprechenden Versuche wie in Kapitel 5 ohne Umfangskraft,
aber mit Wälzbewegung durchgeführt werden. Die bereits erprobte Versuchs-
technik im Auslauf bot hier nochmals die Möglichkeit verhältnismäßig genauer Messungen, die bei Durchleitung eines Arbeitsmomentes (mit Umfangskraft)
in dem Maße nicht mehr gegeben sind.

61. <u>Versuchseinrichtung</u> zur Bestimmung des Bohrmomentes bei Wälzbewegung
     ohne Umfangskraft

Der Versuchsaufbau (Bild 24 und 25) wurde so gewählt, daß ein verhältnismäßig schwerer (24,96 kg), profilierter Ring auf verschieden konvex geschlif-
fenen, linsenförmigen Wälzkörpern (Bild 25 b und 26) abrollt.

Der Versuchsring (Bild 24 und 26) aus Kugellagerstahl ist innen beidseitig
kegelig (unter 25° gegen die Rotationsebene) angeschliffen und liegt mit
diesen Flächen auf einer der symmetrischen Versuchslinsen, die in ihrer Rotationsachse auf Antifriktionsscheiben mit einem Übersetzungsverhältnis von
35 : 1 gelagert sind.

Zwischen der Linse und dem Ring (Bild 26) entstehen zwei elliptische Hertz'-
sche Flächen, durch die jeweils eine Normalkraft aus dem halben Ringgewicht
von 29,53 kg durchgeleitet wird. Infolge der Schräglage dieser Flächen zur
Rotationsachse der Linse und des Ringes entsteht bei Drehung,, entsprechend
Bild 2, eine Bohrbewegung in den Hertz'schen Flächen. Die drehbaren Teile
können nun mit einer unter den Antifriktionsscheiben liegenden, verschieb-
baren Kunststoffrolle, die ein Motor antreibt, in Bewegung gesetzt werden,
so daß die großen Scheiben auf ca. 105 U/min und die Linsenrolle etwa über

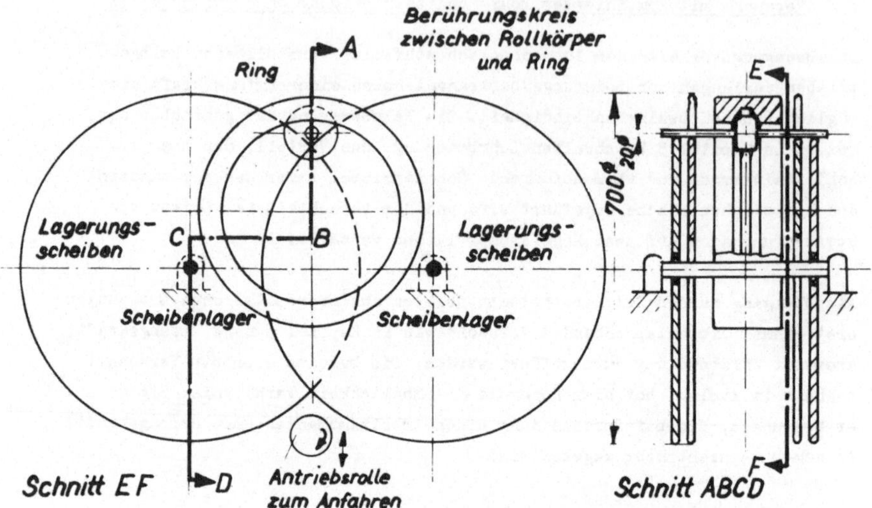

Bild 24a: Schematischer Aufbau des Prüfstandes für die Ring-Auslauf-Versuche.

Bild 24b: Prüfstand für die Ring-Auslauf_Versuche mit stroboskopischer Drehzahlmessung.

Bild 25a: Prüfstand für die Ringauslaufversuche mit stroboskopischer
Drehzahlmessung.

Bild 25b: Versuchsring mit den Wälzkörpern R 1 bis R 6.

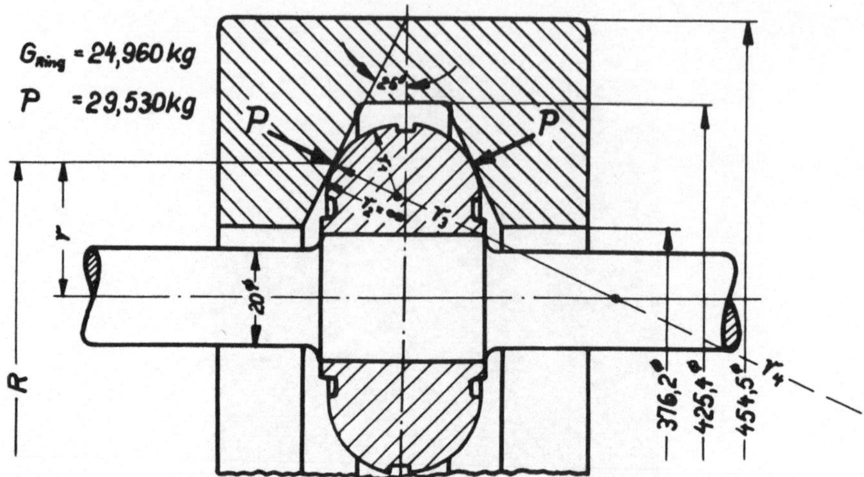

Bild 26: Versuchsdaten Auslaufring.

Tabelle 6:   **Konstruktive Versuchsdaten für die Ring-Auslaufversuche**

Linsen			R 1	R 2	R 3	R 4	R 5	R 6	R 7
$d_1/2 = r_1$	mm		1,7	15	61,9	82,4	20,625	7	4,5
r_2	mm		∞	∞	∞	∞	∞	∞	∞
r_3	mm		35,55	63,85	54,4	81,7	20,625	71,06	76,7
r_4	mm		-448,8	-471,5	-466,9	-473,9	-451,7	-486,7	488,7
	r	mm	15,0	27,0	22,8	34,5	8,58	30,03	32,4
$i = R/r$			12,64	7,385	8,65	5,805	22,24	6,845	6,375
$\cos\vartheta$			0,916	0,662	0,003	0,090	0,023	0,845	0,906
α			3,32	1,79	1,000	1,07	1,01	2,55	3,17
η			0,442	0,626	0,999	0,942	0,985	0,511	0,452
	a	mm	0,612	0,650	0,491	0,596	0,547	0,744	0,799
	b	mm	0,081	0,227	0,491	0,524	0,338	0,149	0,116
$d_0/2 = r_0$		mm	3,257	24,93	61,73	89,81	21,11	12,91	8,60
P/d_0^2	kg/cm²		69,60	1,188	0,194	0,092	1,657	4,429	10,00
$P/(d_0^2 \cdot \alpha^3 \cdot \eta^3)$ [kg/cm²]			22,03	0,844	0,195	0,090	1,683	2,002	3,399
p_0	kg/mm²		283,2	95,36	58,50	45,15	120,1	127,2	151,85
P/d_1^2	kg/cm²		255,4	3,281	0,193	0,109	1,735	15,07	32,81
v_{gleit}/v_{roll}			0,034	0,019	0,017	0,013	0,035	0,019	0,019
max.v_{gleit} m/sec $(n_1 = 3500)$			0,187	0,187	0,144	0,164	0,110	0,212	0,224
$\Delta\mu$ aus der Rollreibung d. Hertz.-Fläche			0,0146	0,0118	0,0145	0,0152	0,126	0,0163	0,0158

3600 U/min kommen, die dann ohne das Antriebssystem auslaufen. Der Ring
wird dann entsprechend dem Berührungsradius der Linsen im Doppelkegel
eine geringere Drehzahl erreichen.

Die Übersetzungsverhältnisse von Linsenwelle zum Ring konnten beim langsamen
Durchdrehen durch Auszählen der Umdrehungen ermittelt werden und ergaben die
Werte von 5,47 bis 22,24, je nach der verwendeten Linse. Mithin konnten Maxi-
maldrehzahlen des Ringes von ca. 162 bis 660 U/min und maximale Rollgeschwindigkeiten der Hertz'schen Fläche von ca. 3,2 bis 12,5 m/sec erreicht werden.

Da für die Auswertung der Einfluß der R o l l r e i b u n g einerseits
zwischen Linsenwelle und den Antifriktionsscheiben und andererseits zwischen
der Linse und dem Ring zu berücksichtigen waren und genauere Berechnungsver-
fahren nicht bekannt sind (S 23), mußten Rollreibungsversuche am gleichen
Prüfstand ausgeführt werden. Hierzu wurden der Ring und die Linse aus Ge-
wichtsgründen durch einen Belastungszylinder (Bild 31) ersetzt. Für die 20 $\emptyset$
Welle ergeben sich bis auf die Luftreibung die gleichen Verhältnisse. Zur Bestimmung der Durchmesserabhängigkeit, zwecks Berücksichtigung der Rollreibung
zwischen den verschiedenen Linsen und dem Ring, wurden der Welle des Belastungszylinders verschiedene Buchsen mit 40 $\emptyset$, 60 $\emptyset$ und 80 $\emptyset$ aufgesetzt.

Die Verzögerungsmomente konnten wieder aus den bewegten Trägheitsmomenten
und den Zeitdifferenzen zwischen gleichen Drehzahlunterschieden mit der
Stoppuhr und den mit dem Stroboskop beleuchteten Frequenzscheiben ermittelt
werden.

62. Versuchsdurchführung

Bei der Messung des Auslaufes machen sich folgende Reibungseinflüsse be-
merkbar:

01) Bohrreibung in den Hertz'schen Flächen (M_b)

02) Rollreibung der Linse im Doppelkegel des Ringes (M_w)

03) Luftreibung am Ring (M_{03})

04) Luftreibung an der Linse mit Welle und deren
Stroboskopscheibe (M_{04})

05) Luftreibung der Antifriktionsscheiben (M_{05})

06) Lagerreibung (Kugellager 6001) der Antifriktionsscheiben
auf den feststehenden Achsen (M_{06})

07) Rollreibung der 20 $\emptyset$ Linsenwelle auf den Antifriktionsscheiben
(M_{07}).

621. Die Verzögerungsmessung schließt sämtliche 7 Anteile der verschiedenen Reibungen ein. Das Verzögerungsmoment berechnet sich wieder aus

$$M_{ges} \; = \; J \, \frac{\Delta \omega}{\Delta t} \; . \tag{25}$$

Von sämtlichen bei den Ausläufen sich drehenden Teilen mußten die Trägheitsmomente nach Gl. 21 aus Pendelversuchen ermittelt werden. Kontrollberechnung
der Trägheitsmomente bestätigen die Meßergebnisse. Da in der Versuchseinrichtung drei verschiedene Drehschnellen auftreten und die Messung immer an der
am schnellsten drehenden Linsenwelle (Index 1) vorgenommen wurde, mußten die
Trägheitsmomente auch auf diese Welle bezogen und umgerechnet werden mit

$$J_{21} \; = \; J_2 \left(\frac{n_2}{n_1}\right)^2 \; . \tag{26}$$

6220. Um die Berechnung des Bohrreibungsmomentes aus dem Gesamtverzögerungs-
moment vornehmen zu können,

$$2 \, M_b \, \frac{\omega_b}{\omega_1} \; = \; \frac{\Delta \omega_1}{\Delta t} \, \Sigma J_1 - 2 \, M_w \, \frac{\omega_w}{\omega_1} - M_{03} - M_{04} - M_{05} - M_{06} - M_{07}, \tag{27}$$

müssen die einzelnen Momente, die bis auf M_w unabhängig von den Linsen
eliminiert werden können, bestimmt werden.

6221. <u>Die Reibung der Antifriktionsscheiben</u>
setzt sich zusammen aus der Lagerreibung (M_{06}) und der Luftreibung (M_{05}).
Diese beiden Reibungsanteile können zusammen gemessen werden im Scheiben-
auslauf (Bild 27) ohne Linsenwelle und ohne Ring. Es ist dabei lediglich
zu berücksichtigen, daß durch das geringere Gewicht die Lagerbelastung vermindert ist.

Die Luftreibung zeigt den gleichen Verlauf wie im endgültigen Versuch
und kann nach Betz (S 22) für die beidseitig benutzte 700 ϕ Scheibe bei
laminarer Luftströmung auch gut berechnet werden. Für die vier Scheiben
ergibt sich somit (bezogen auf die 20 ϕ Welle, die gegenüber der Scheibe
1 : 35 untersetzt ist):

$$M_{05} \; = \; \frac{4}{35} \, 47,5 \cdot 10^{-3} \, n^{\,3/2} \; (\text{cmg}). \tag{28}$$

Für eine Scheibe ist dieses Moment, bezogen auf die Scheibenachse, in Bild 27 eingetragen und zeigt, daß die Scheibenreibung in einem großen Bereich einen parallelen Verlauf zur theoretisch berechneten Luftreibung aufweist.

Zwei Umstände erschwerten die Auswertung. Einmal ergaben sich an verschiedenen Tagen unterschiedliche Größen der L a g e r r e i b u n g, und zweitens ist die Lagerreibung bei kleinen Drehzahlen (unter 35 Scheibenumdrehungen bzw. 1250 U/min der Linsenwelle) nicht mehr konstant, sondern nimmt nicht nur mit abnehmender Drehzahl wieder zu, sondern auch mit dem Anteil der konstanten Lagerreibung an den verschiedenen Tagen. Zur Bestimmung der an den jeweiligen Versuchstagen vorhandenen Lagerreibungen wurden vor und nach den Versuchen jeweils die Scheibenausläufe allein vermessen, wovon eine Auswahl in Bild 27 eingetragen ist. Nach Vorhandensein ausreichender Auslaufkurven, die den vorkommenden Bereich überdeckten, konnte später der konstante Lagerreibungsanteil nach der eingetragenen Skala gut abgeschätzt werden, wozu die Auftragung in Bild 28 die Ablesung erleichterte. Für jede Scheibe wird danach der konstante, von der Drehzahl unabhängige Lagerreibungsanteil, bezogen auf die Scheibenachse, bestimmt. Die Summe der Lagerreibungen wird dann mit 54/45 infolge der erhöhten Belastung durch Ring und Linse multipliziert und auf die Linsenwelle bezogen:

$$M_{06} = \frac{1}{35}\frac{54}{45}\sum_1^4 M_{Lr} = \frac{1}{29,1}\sum_1^4 M_{Lr}. \tag{29}$$

Der zusätzliche Lagerreibungsanteil läßt sich noch bis herunter zu entsprechend 400 U/min der Linsenwelle durch genauere Einzelauswertung berücksichtigen. Darunter wurde die Auswertung wegen der zu unsicher ansteigenden Lagerreibung nicht mehr vorgenommen.

6222. (M_{04}): Für die Luftreibung der beidseitig benetzten, dünnen S t r o b o s k o p s c h e i b e mit 139,3 mm $^\phi$ errechnet sich turbulent nach Betz (S22) der in Bild 29 a rechts gestrichelt gezeigte Verlauf bei Benutzung logarithmischer Maßstäbe, womit sich für 3000 U/min ein Reibungsmoment von 15,2 cmg ergibt.

Da die weiteren Einflüsse der Luftreibung an der Linse und Welle schwerer zu erfassen waren, und wegen der Turbulenz (nicht ganz ebene Stroboskopschei-

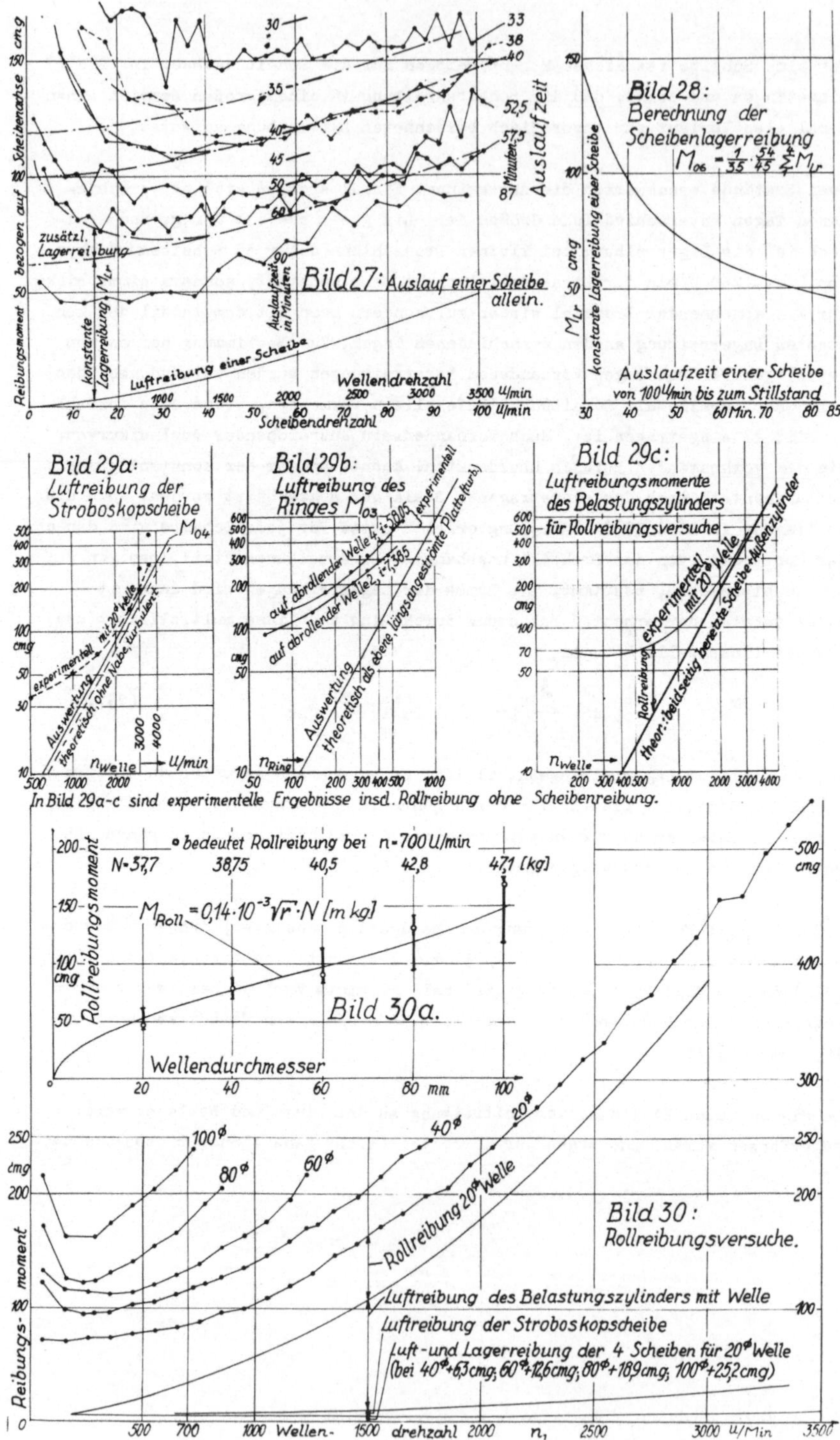
Bild 27: Auslauf einer Scheibe allein.
Reibungsmoment bezogen auf Scheibenachse cmg
Auslaufzeit in Minuten
Wellendrehzahl
Scheibendrehzahl
zusätzl. Lagerreibung M_Lr
konstante Lagerreibung M_Lr
Luftreibung einer Scheibe
Bild 28: Berechnung der Scheibenlagerreibung
konstante Lagerreibung einer Scheibe M_Lr cmg
Auslaufzeit einer Scheibe von 1004/min bis zum Stillstand
Bild 29a: Luftreibung der Stroboskopscheibe
experimentell mit 20# Welle
Auswertung theoretisch ohne Nabe, turbuliert
n_Welle U/min
Bild 29b: Luftreibung des Ringes M_03
auf abrollender Welle 4 i=3805
auf abrollender Welle 2 i=3385
Auswertung theoretisch als ebene, längsangeströmte Platte turb.
n_Ring
Bild 29c: Luftreibungsmomente des Belastungszylinders für Rollreibungsversuche
experimentell mit 20# Welle
Rollreibung
theor. beidseitig benetzte Scheibe Außenzylinder
n_Welle
In Bild 29a-c sind experimentelle Ergebnisse insd. Rollreibung ohne Scheibenreibung.
bedeutet Rollreibung bei n=700 U/min
N=37,7   38,75   40,5   42,8   47,1 [kg]
M_Roll = 0,14·10^-3 √r·N [m kg]
Rollreibungsmoment cmg
Bild 30a.
Wellendurchmesser
Bild 30: Rollreibungsversuche.
Reibungs-moment cmg
Rollreibung 20# Welle
Luftreibung des Belastungszylinders mit Welle
Luftreibung der Stroboskopscheibe
Luft- und Lagerreibung der 4 Scheiben für 20# Welle
(bei 40#+6,3cmg; 60#+12,6cmg; 80#+18,9cmg; 100#+25,2cmg)
Wellen- drehzahl n,

Bild 31a: Prüfstand für die Rollreibungsversuche

Bild 31b: Belastungszylinder (Welle 20 ϕ) mit Buchsen 40$^\phi$, 60$^\phi$ u. 80$^\phi$.
Gewicht gleich dem des Ringes und Wälzkörpers.

be) Unklarheiten bestanden, wurde der Auslauf mit einer Linsenwelle ohne
Ring untersucht, der zu der experimentellen Kurve mit 20 $^{\phi}$ Welle in Bild 29
rechts führte und die Rollreibungen noch enthält. Zur Auswertung der Bohr-
reibungsversuche wurde deshalb die theoretische Kurve entsprechend dicht
an die experimentelle (M_{04}) heranverschoben.

6223. **Die Luftreibung am Ring** (M_{03}) wurde nach Experimenten und theoretischen Überlegungen abgeschätzt. Bei Versuchen lief der Ring auf zylindrischen Vergleichswellen leider nicht hinreichend stabil, so daß er zu-
sätzlich angebrachte Führungslager gelegentlich berührte. Außerdem muß
von den experimentell ermittelten, in Bild 29 b aufgetragenen Versuchs-
werten noch die Rollreibung der 20 $^{\phi}$ Welle auf den Scheiben und des Ringes auf der Vergleichswelle abgezogen werden.

Eine gute theoretische Näherung ließ sich aus dem turbulenten Widerstand
des zylindrischen Außenmantels und der äußeren Flächen berechnen (nach
Schlichting S 21 Bild 21,7 S. 407), die zur Auswertung benutzt wurde. Das
größte, zu berücksichtigende Moment ergab sich bei schnellstem Umlauf mit
dem Wälzkörper R_4 zu max M_{03} = 210/5,805 = 36,1 (cmg).

6224. Die Berücksichtigung R o l l r e i b u n g   d e r   20 $^{\phi}$
L i n s e n w e l l e   a u f   d e n   A n t i f r i k t i o n s s c h e i -
b e n (M_{07}) konnte mangels ausreichend genauer Berechnungsmethoden (S 23)
nur experimentell erfolgen. Diese Versuche ließen sich auch verhältnismäßig einfach ausführen. Das Ring- und Linsengewicht konnte durch einen
starren Belastungszylinder aus Stahl dargestellt werden, der auf einer
20 $^{\phi}$ Welle aufgepreßt werden konnte. Mithin ergaben die Auslaufversuche
hiermit unter Berücksichtigung der Scheibenreibungen und der Luftreibung
des Zylinders das zu berücksichtigende Rollreibungsmoment M_{06}. Das Ver-
suchsergebnis ist in Bild 30 aufgetragen und läßt sich leicht in die drei
Bestandteile analysieren: Lagerreibung nach 6221, parabolischen Luftrei-
bungsverlauf und die zu erfassende Rollreibung, die sich als etwa konstant
in dem gemessenen Drehzahlbereich ergibt.

Die Luftreibung des Belastungszylinders kann auch zur Kontrolle theoretisch
erfaßt werden (s. Bild 29 c) als beidseitig benetzte Scheibe und der zylin-

drischen Umfangsfläche am Außendurchmesser (turbulent) nach Betz (S 22):

$$M_1 \; = \; 2,18 \cdot 10^{-4} \, n^{1,8}. \tag{30}$$

Das Ergebnis dieser Berechnung ist identisch mit der in Bild 30 angegebenen Differenzkurve für die Luftreibung, so daß nach Abzug der Lagerreibung für die Rollreibung der 20 ^{p} Welle auf den Scheiben unabhängig von den gemessenen Drehzahlen sich ergibt:

$$M_{07} \; = \; 35 \; (cmg). \tag{81}$$

6225. <u>Die Rollreibung der Linsen</u> (M_w) im Doppelkegel des Ringes ist schwer abzuschätzen. Zuverlässige Berechnungen für die hier erwünschte Genauigkeit sind aus der Literatur nicht bekannt. Um die bei der Rollreibung auftretenden Probleme für eine spätere grundsätzliche Untersuchung vorzubereiten, sind diesbezüglich Gedanken im Entwurf eines Forschungsberichtes (S 23) zusammengefaßt worden.

Um überhaupt einen Anhaltspunkt für die Größenordnung zu bekommen, sind Rollreibungsversuche mit verschiedenen Abrolldurchmessern, die als Buchsen auf der Welle des Belastungszylinders aufgesetzt wurden, durchgeführt (Bild 30) und wie im vorhergehenden Kapitel ausgewertet worden. Eine Vergrößerung des Gewichtes durch diese Buchsen war unvermeidlich, ebenso eine größere Ungenauigkeit der Messung durch den steigenden Einfluß der Lager- und Luftreibung der Antifriktionsscheiben bei dem abnehmenden Geschwindigkeitsbereich. Weitere Ungleichheiten sind in den sich berührenden Hertz'schen Flächen vorhanden, die zwischen den Wellen und den Antifriktionsscheiben anderer Gestalt sind als zwischen den Linsen und dem Ring. Infolge der vorhandenen Gleitgeschwindigkeiten durch die Bohrbewegung könnte der Rollreibungsanteil noch geringer sein, als nach den im folgenden beschriebenen Versuchen ermittelt.

Der Verlauf der Luftreibung des Belastungszylinders ist für alle Versuchsreihen derselbe. Die Lagerreibung geht aber dadurch verschieden ein, daß die Übersetzungsverhältnisse von Scheibendrehzahlen zur Drehzahl des Belastungszylinders bei größerem Buchsendurchmesser geringer werden. So ergeben sich Lagerreibungsmomente, bezogen auf die Buchsenachse, bei

$$20^{\varnothing} \text{ Welle :} \qquad 6,3 \quad \text{cmg,}$$
$$40^{\varnothing} \text{ Buchse:} \qquad 12,6 \quad \text{cmg,}$$
$$60^{\varnothing} \text{ Buchse:} \qquad 18,9 \quad \text{cmg,}$$
$$80^{\varnothing} \text{ Buchse:} \qquad 25,2 \quad \text{cmg,}$$
$$100^{\varnothing} \text{ Buchse:} \qquad 31,5 \quad \text{cmg.}$$

Die Luftreibung der Antifriktionsscheiben nimmt mit deren Geschwindigkeit zu; d.h. während bei einer Drehzahl des Belastungszylinders von
n_1 = 1000 U/min das Reibungsmoment bezogen auf deren Achse

$$\text{bei der } 20^{\varnothing} \text{ Welle } 0,9 \text{ cmg beträgt,}$$
$$\text{ist es bei der } 40^{\varnothing} \text{ Welle } 4,6 \text{ cmg,}$$
$$\text{bei der } 60^{\varnothing} \text{ Welle } 12,8 \text{ cmg,}$$
$$\text{bei der } 80^{\varnothing} \text{ Welle } 26,4 \text{ cmg.}$$

Berücksichtigt man weiter, daß für einen Vergleich die Rollreibungsmomente auf eine Belastung senkrecht zur Berührungsebene von ca. 25 kg Ringgewicht reduziert wurden, so könnten diese Rollreibungsmomente in Abhängigkeit vom Rollendurchmesser aus dem Diagramm Bild 30 b abgelesen werden.

Welche Rollreibungsmomente sollten nun genommen werden? Der Zerlegung der
Roll- und Bohrbewegung entsprechend könnte man mit einem Rollendurchmesser
mit 2 r_3 = 2r/sin 25° und der Normalbelastung P (gemäß Bild 26) rechnen.
Bei der später (Kap. 63) beschriebenen Versuchsauswertung zeigte sich aber,
daß bei der minimalen Reibung mit Polyran eine Aufteilung in Wälz- und
Bohrreibung nicht mehr möglich ist. Außerdem ergeben sich für 2 r_3 Werte,
die bis auf Linse R 5 wesentlich über 100 mm (max 142 mm) liegen, und für
die keine weiteren Rollreibungsversuche angestellt werden konnten.

Um die Ergebnisse wenigstens vergleichbar zur Diskussion zu stellen, kam
es darauf an, die Rollreibung bei allen Linsen in der gleichen Weise anzu-
setzen. Es wurde deshalb je Berührungsstelle das Rollreibungsmoment mit
dem halben Ringgewicht und dem Rollradius r berechnet.

Damit ergeben sich Rollreibungsmomente M_W in der Größenordnung zwischen
20 und 32 cmg.

Da es schließlich auf die Angabe der Reibungszahlen ankam, wurde dieser
Rollreibungseinfluß in ein $\Delta\mu$ folgendermaßen umgerechnet:

Die in Gleichung 27 angegebene Differenz des Gesamtmomentes und der Momente M_{03} bis M_{07} kann in ein resultierendes Moment M_1 zusammengefaßt werden:

$$2\, M_b\, \frac{\omega_b}{\omega_1} = M_1 - 2\, M_w\, \frac{\omega_w}{\omega_1}$$

$$M_b = \frac{M_1}{2}\, \frac{\omega_1}{\omega_b} - M_w\, \frac{\omega_w}{\omega_b}\,. \tag{32}$$

Mit Gleichung 23 kann man dann schreiben:

$$\mu = \frac{M_1}{2} \cdot \frac{i}{(i-1)\,\cos 25^\circ} \cdot \frac{1}{5{,}1.10^{-3}\, P^{4/3}\, r_o^{\,1/3}\, \xi^2 \eta^2} - \Delta\mu \tag{33}$$

worin

$$\Delta\mu = \frac{M_w\, \mathrm{tg}\, 25^\circ}{5{,}1\, 10^{-3}\, P^{4/3}\, r_o^{\,1/3}\, \xi^2 \eta^2} \tag{34}$$

$$\begin{bmatrix} \text{Dimensionen in} \\ \text{cm und kg} \end{bmatrix}$$

ist. Dieser Wert $\Delta\mu$ ist für jede Linse konstant und in Tabelle 6 angegeben. Wegen der Unsicherheit sind in den Auftragungen immer die Ergebnisse für $(\mu + \Delta\mu)$ verwendet worden.

623. <u>Durchführung der Bohrreibungsversuche</u>

Die 7 Linsen wurden so konstruiert, daß jede   eine andere Berührungsstelle im Ring aufzuweisen hat. Da Variationen in der Belastungskraft
(Veränderung des Ringgewichtes) nur mit ungewöhnlichem Aufwand durchzuführen gewesen wären, blieben als Veränderliche für die Versuche

        a) die Rollgeschwindigkeit und
        b) verschiedene Schmiermittel.

Die veränderliche Rollgeschwindigkeit und die mit dieser jeweils in geometrisch bedingten Verhältnissen stehenden Gleitgeschwindigkeiten in der
Hertz'schen Fläche ergaben sich bereits bei jedem Auslaufversuch, so daß
letztlich die gleichen Versuche mit den verschiedenen Linsen und verschie-

denen Schmiermitteln durchzuführen waren.

Die Ausläufe (Beispiele in Bild 32 bis 34) zeigen im allgemeinen einen
sehr ruhigen Verlauf bei großen Geschwindigkeiten. In mehreren Fällen
fing etwa bei der halben maximalen Geschwindigkeit - in anderen Fällen
auch bei geringer Drehzahl - der Ring seitlich an zu schwingen, so daß
vorgesehene Führungslager berührt wurden. In den meisten Fällen beruhigte
sich der Ring bei kleiner Geschwindigkeit wieder. Damit konnte der dazwischen liegende Bereich gut interpoliert werden. Im Bereich geringerer
Geschwindigkeit, bei der eine Auswertung ohnehin wegen steigender Lagerreibung unsicher wurde, zeigte sich infolge relativer Bewegung des Öles
zum Ring eine Unwucht, die den Ring zum Pendeln parallel zur Drehachse
brachte. Im Meßbereich schien sich das Öl aber sehr gut im Ring verteilt
zu halten und machte keine bemerkbaren Relativbewegungen zum Ring in Umfangsrichtung. Es wurde darauf Wert gelegt, daß kurz vor dem Versuchs-
start das ganze Ringprofil auf dem ganzen Umfang benetzt war. Die Versuche wurden bis zu zehnmal wiederholt, wobei sich bei den ersten Läufen
durchschnittlich größere Reibungen ergaben als bei den späteren. Die
Schwankungen hielten sich in dem angegebenen Bereich. Damit konnten die
Minimalwerte erst vom vierten und den späteren Läufen ermittelt werden.
In den angegebenen Bereichen sind die Versuche gut reproduzierbar, wie
sich bei Wiederholungen an verschiedenen Tagen feststellen ließ.

63. <u>Versuchsergebnisse</u> der Ringausläufe

Die Gesamtreibungsmomente aus den Versuchen J_1 . $\Delta\omega/\Delta t$ (auf die Linsenwelle bezogen) sind für jede Wälzpaarung und für jedes Schmiermittel - wie
in Bild 32 bis 34 - aufgetragen worden. Die obere Verbindungslinie der
Meßpunkte zeigt die maximalen Reibungsmomente aus etwa 7 bis 10 Läufen,
und die untere die minimalen. Alle anderen Versuchsergebnisse der verschiedenen Ausläufe liegen zwischen diesen beiden Kurven. Im allgemeinen waren
diese Bereiche gut reproduzierbar bis auf zwei Versuchstage, an denen die
Linse R 3, die mit HRT- und V-9868-Öl etwas geringere minimale Reibungsmomente aufwiesen. Aus diesem Grunde sind in den Zusammenstellungen der Versuchsergebnisse (Bild 39, 41 und 44) jeweils 3 Kurven (davon 2 minimale)
angegeben. Zur weiteren Auswertung wurden die Meßergebnisse -gemäß Bild 32
bis 34- in je zwei Kurven ausgestrackt. In Bild 38 -mit dem Wälzkörper R 7-

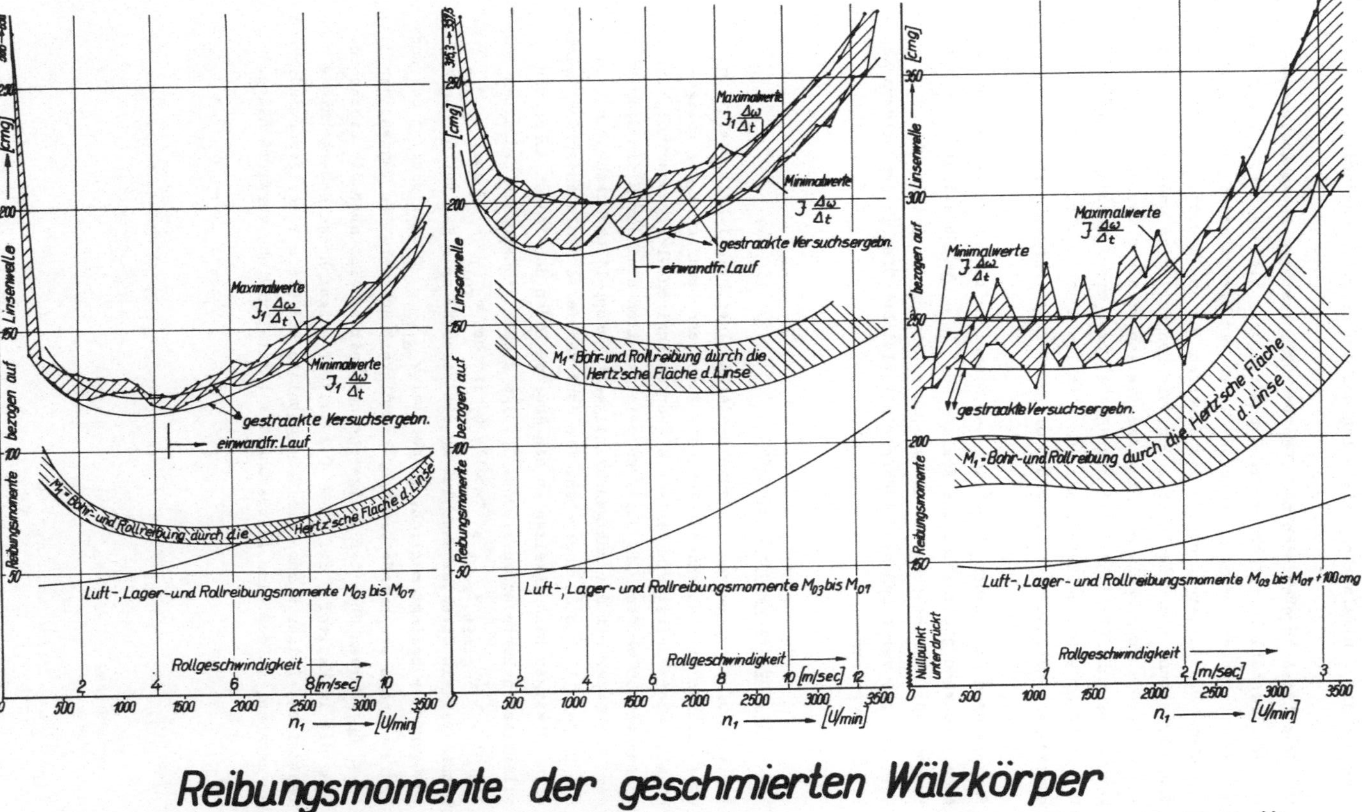

Reibungsmomente der geschmierten Wälzkörper

Bild 32: R 6 mit HRT-Öl   Bild 33: R4 mit Mobilfluid 62   Bild 34: R5 mit V-9868-Öl

sind nur die Minimalwerte (untere Begrenzung) aufgetragen worden.

Für jede Linse ergeben sich nach Kapitel 6221 bis 6224 in Abhängigkeit von der Drehzahl Reibungsmomente, die durch verschiedene Luft-, Lager- und Rollreibungen bedingt sind und von den Verzögerungsmomenten abzuziehen sind. Die Differenz ergibt den Streifen für das Moment M_1, das außer der Bohrreibung noch die Rollreibung zwischen der Linse und dem Ring einschließt. Die ausgewählten 3 Diagramme zeigen je einen Versuch, bei dem geringe Reibung (Bild 32 - R 6 mit HRT'Öl) bzw. große Reibung (Bild 34 - R 5 mit V-Öl 9868) auftritt. Aus dem Mittelfeld ist in Bild 33 der Reibungsmomentenverlauf der Linse R 4 mit Mobilfluid dargestellt.

Entsprechend der Theorie läßt sich aus diesem Reibungsmomentenverlauf (M_1) eine geschwindigkeitsabhängige Reibungszahl $(\mu + \Delta\mu)$ bestimmen. Die Auftragung für verschiedene Öle mit gleichen Wälzkörpern ist in Bild 35 bis 40 , und für verschiedene Wälzkörper mit gleichen Ölen in den Bildern 41 bis 44 vorgenommen.

631. <u>Einfluß der Geschwindigkeiten</u>

Der Verlauf der μ-Kurven mit zunehmender Rollgeschwindigkeit zeigt im wesentlichen eine abnehmende Tendenz. Dies kann einerseits der Rollgeschwindigkeit selbst wie der von dieser abhängigen Gleitgeschwindigkeit zugeschrieben werden. Die Gleitgeschwindigkeiten sind durch die Geometrie der Wälzkörper mit der Rollgeschwindigkeit gekoppelt und deshalb nur in den Bildern 35 bis 40 angegeben. Die dort markierte Skala entspricht maximalen Gleitgeschwindigkeiten an den äußeren Enden der langen Achse der elliptischen Hertz'schen Fläche. Infolge dieser geometrisch bedingten Proportionalität $(v_{gleit}/v_{roll}$ s. Tabelle 6) ist bei v_{roll} = 0 auch v_{gleit} = 0. Mithin ist ein direkter Anschluß an die Versuche nach Kapitel 6 ohne Wälzbewegung nur bedingt möglich, in der bei v_{roll} = 0 eine während des Auslaufversuches abnehmende Gleitgeschwindigkeit auftrat. Die Tendenz der $(\mu + \Delta\mu)$-Kurven über der Rollgeschwindigkeit scheint aber die Größenordnung der in Kapitel 5 mit μ = 0,1 ... 0,2 aufgeführten Meßergebnisse zu bestätigen. Leider wurden die Meßergebnisse bei kleiner Rollgeschwindigkeit zu ungenau, so daß eine Auftragung die Darstellung nur verwirrt hätte.

Flache Minima der Reibungszahl kann man bei den meisten Kurvenverläufen
im Bereich von 3 bis 9 m/sec Rollgeschwindigkeit feststellen.

Die absolute Größe der Gleitreibungszahlen μ kann wegen der schwierigen
Erfassung des Rollreibungsanteiles $\Delta\mu$ (s. Kapitel 6225 und Tabelle 6)
nicht genau angegeben werden. Es ist aber anzunehmen, daß der Rollreibungsanteil den geometrischen Verhältnissen entsprechend unabhängig von
der Geschwindigkeit einen Vergleich der verschiedenen Wälzkörper zuläßt.

632. <u>Schmiegung und Pressung</u>

Bei den Versuchen ergaben sich bei allen Schmiermitteln mit den Wälzkörpern R 1 und R 5 größte und mit dem Wälzkörper R 6 die geringsten Reibungszahlen in der nachstehenden Reihenfolge:

<u>Tabelle 7:</u>

Wälzkörper	R 1	R 5	R 3	R 4	R 7	R 2	R 6
r_3/r_4	0,079	0,046	0,116	0,173	0,157	0,135	0,146
p_0 (kg/mm^2)	283	120	59	45	152	95	127
max v_{gleit} (m/sec)	0,187	0,110	0,144	0,164	0,224	0,187	0,212

Die jeweils auftretende Schmiegung in Rollrichtung r_3/r_4 (s. Bild 26 und
Tabelle 6 und 7) ist sehr gering und auch nicht extrem unterschiedlich.
Die geringen Schmiegungen der ersten drei Wälzkörper von 0,08 bis 0,116
zeigen zwar die größten Reibungen, aber zwischen den restlichen vier Wälzkörpern ist eine Ordnung innerhalb der nur noch 28 o/o unterschiedlichen
Schmiegung nicht mehr zu erkennen. Ebenso wie eine größere Schmiegung die
Schmierstoffzufuhr in die Druckfläche begünstigen kann, ist der Einfluß
kleinerer Belastungen. Nun entsprechen weder die Schmiegungen noch die Belastungen denen von Gleitlagern noch im anderen Extrem den Normalbelastun-
von Wälzlagern, sondern liegen dazwischen in den Größenordnungen der Wälzgetriebe. Es ist wohl bei den Versuchsbedingungen anzunehr.en, daß auch bei
den höheren Roll- und Gleitgeschwindigkeiten noch keine Schwimmreibung, sondern Mischreibung vorliegt. Wie sich bei dieser Annahme jedoch die Minima
erklären lassen, die man gern mit dem entsprechenden Verlauf der Stribeck-
Kurven (Gleitlagerverhältnisse μ = $f(\eta, v, p)$) vergleichen möchte, bleibt
offen. Der abnehmende Druck unterstützt den bereits erwähnten zunehmenden

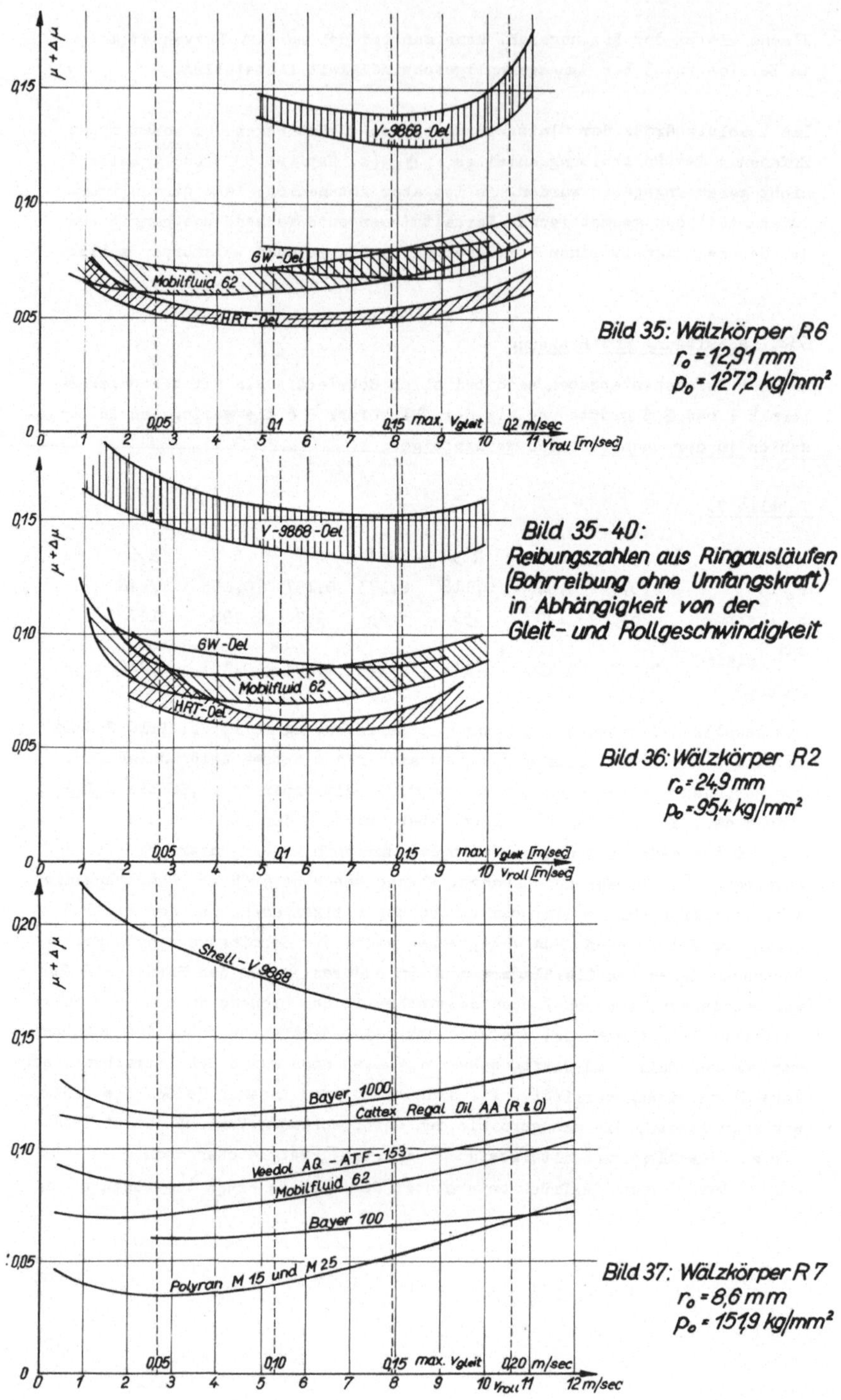
μ + Δμ
0,15
0,10
0,05
0
V-9868-Oel
GW-Oel
Mobilfluid 62
HRT-Oel
0,05
0,1
0,15
max. Vgleit
0,2 m/sec
0 1 2 3 4 5 6 7 8 9 10 11 Vroll [m/sec]
Bild 35: Wälzkörper R6
r₀ = 12,91 mm
p₀ = 127,2 kg/mm²

μ + Δμ
0,15
0,10
0,05
0
V-9868-Oel
GW-Oel
Mobilfluid 62
HRT-Oel
0,05
0,1
0,15
max. Vgleit [m/sec]
0 1 2 3 4 5 6 7 8 9 10 Vroll [m/sec]
Bild 35-40:
Reibungszahlen aus Ringausläufen
(Bohrreibung ohne Umfangskraft)
in Abhängigkeit von der
Gleit- und Rollgeschwindigkeit
Bild 36: Wälzkörper R2
r₀ = 24,9 mm
p₀ = 95,4 kg/mm²

μ + Δμ
0,20
0,15
0,10
0,05
0
Shell – V 9868
Bayer 1000
Caltex Regal Oil AA (R & O)
Veedol AQ – ATF-153
Mobilfluid 62
Bayer 100
Polyran M 15 und M 25
0,05
0,10
0,15
max. Vgleit
0,20 m/sec
0 1 2 3 4 5 6 7 8 9 10 Vroll 11 12 m/sec
Bild 37: Wälzkörper R 7
r₀ = 8,6 mm
p₀ = 151,9 kg/mm²

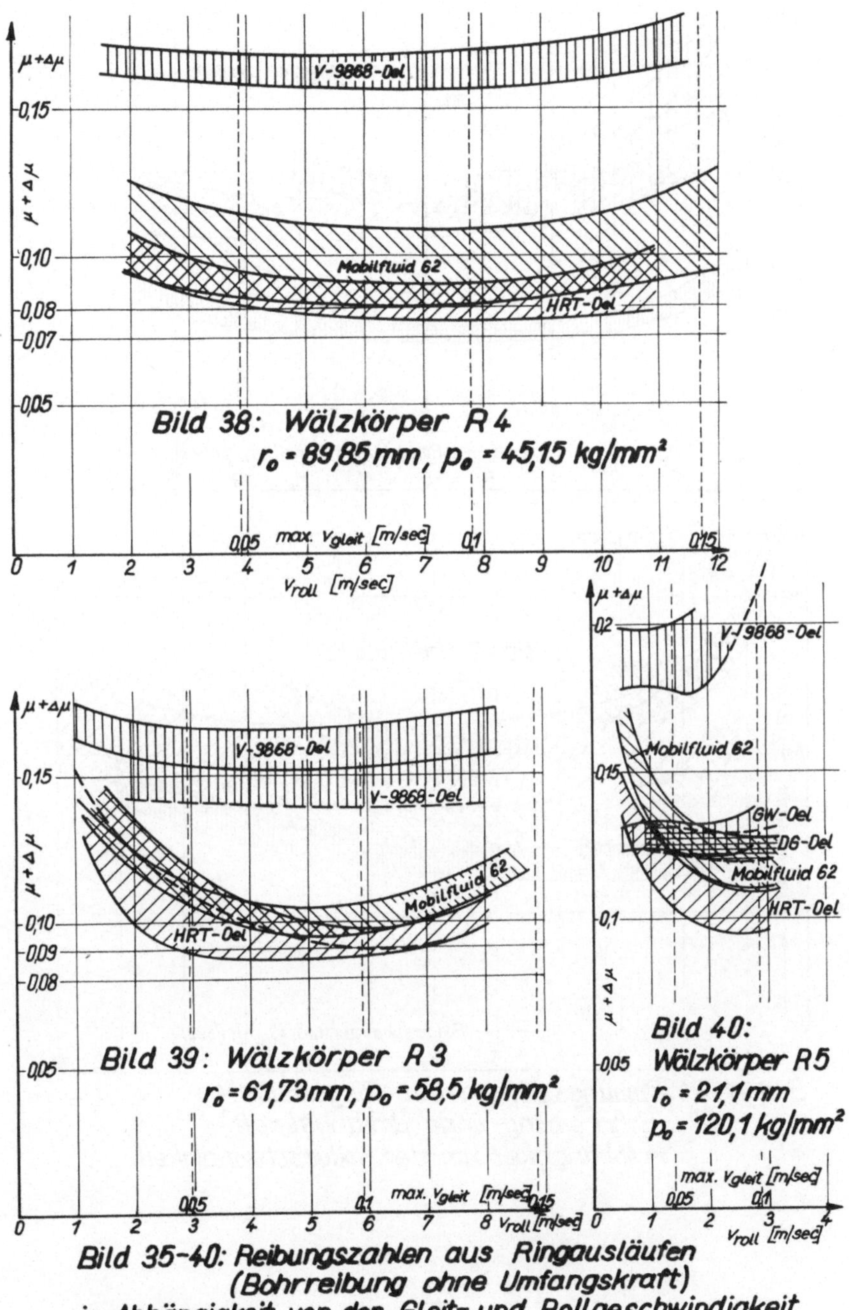

Bild 38: Wälzkörper R 4
$r_0 = 89,85$ mm, $p_0 = 45,15$ kg/mm²

Bild 39: Wälzkörper R 3
$r_0 = 61,73$ mm, $p_0 = 58,5$ kg/mm²

Bild 40: Wälzkörper R 5
$r_0 = 21,1$ mm
$p_0 = 120,1$ kg/mm²

Bild 35-40: Reibungszahlen aus Ringausläufen
(Bohrreibung ohne Umfangskraft)
in Abhängigkeit von der Gleit- und Rollgeschwindigkeit

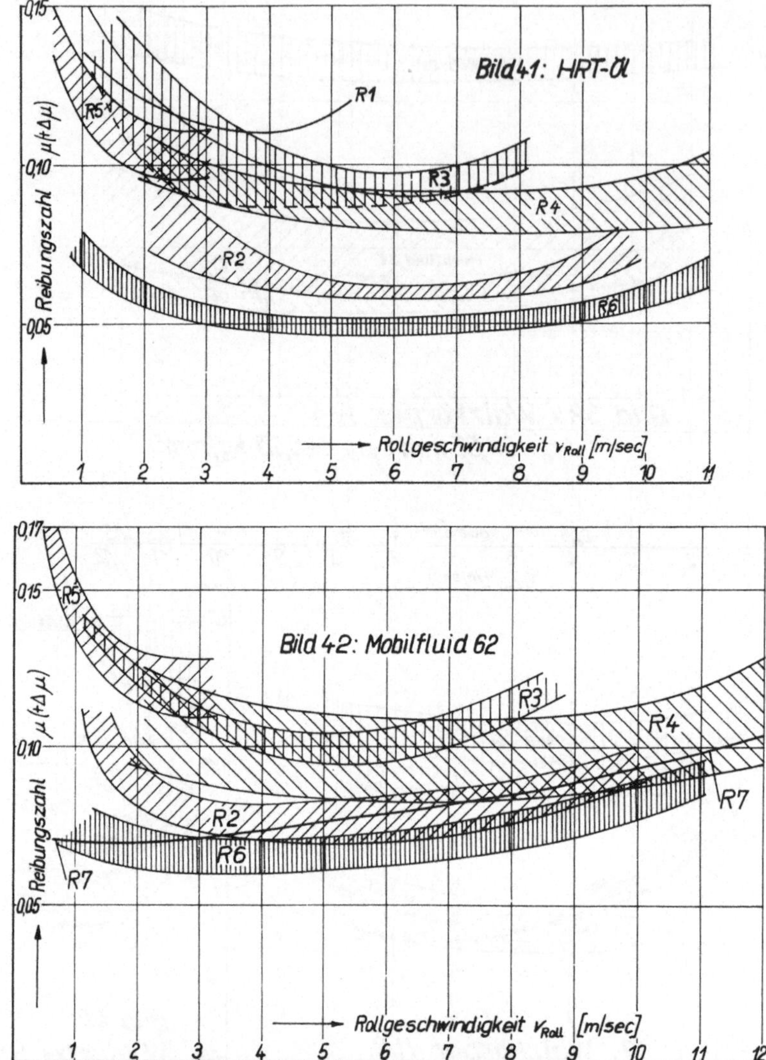

Bild 41–44: Reibungszahlen aus Ringausläufen
(Bohrreibung ohne Umfangskraft)
in Abhängigkeit von der Rollgeschwindigkeit.

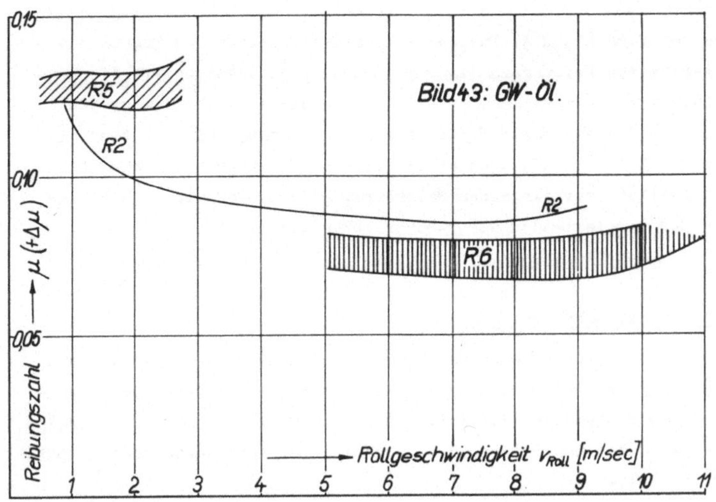

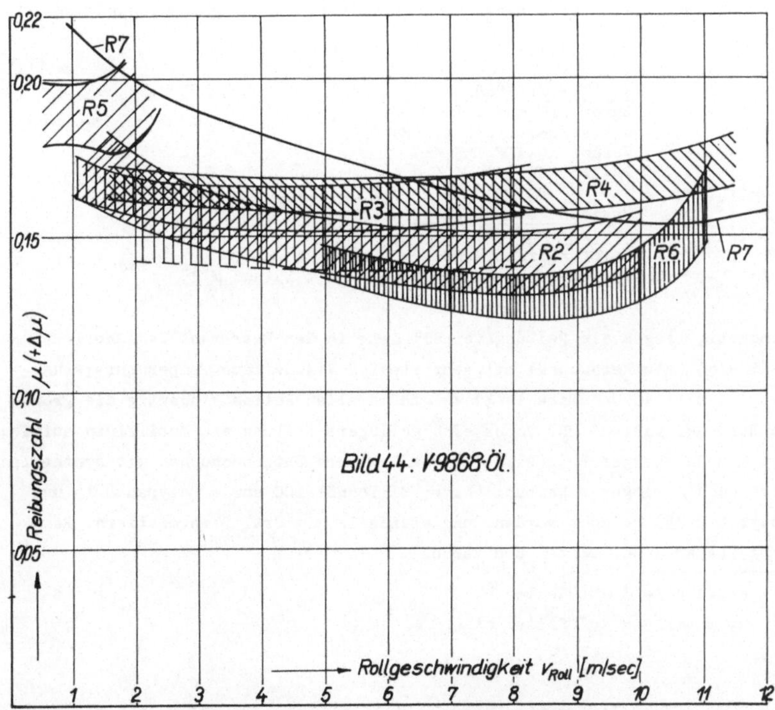

**Bild 41-44: Reibungszahlen aus Ringausläufen
(Bohrreibung ohne Umfangskraft)
in Abhängigkeit von der Rollgeschwindigkeit.**

Schmiegungseinfluß bis R 4. Dagegen sprechen allerdings die Ergebnisse
mit den geringsten Reibungszahlen R 7 - R 2 - R 3. Insbesondere die Lage
der Ergebnisse mit dem Wälzkörper R 4, der in dieser Reihe die größte
Schmiegung und die geringste Hertz'sche Pressung hat, weist weitaus nicht
die geringste Reibung auf. Auch unter Berücksichtigung der unterschiedlichen Rollreibung der einzelnen Wälzkörper ändert sich die Reihenfolge
bezüglich der verbleibenden Gleit-Bohrreibung nicht.

633. Einfluß der Schmiermittel

Für vier Öle sind mit mehreren Wälzkörpern Versuche gefahren worden und
deshalb auch dafür Sonderauftragungen in Bild 41 bis 44 vorgenommen worden (in der nachstehenden Aufzählung unterstrichen). Versuche mit weiteren Ölen sind bei den Auftragungen für die einzelnen Wälzkörper in Bild
35 bis 40 enthalten.

Demmach ergibt sich etwa eine Reihenfolge gestuft von großen zu kleinen
Reibungszahlen:

> <u>Shell V-Öl 9868</u> *)
> Bayer Siliconöl 1000 **)
> Caltex Regal Oil AA (R & O) *)
> Veedol AQ-ATF-153 **)
> <u>BV-Aral-GW</u> *)
> <u>"   " -DG</u> *)
> <u>Pegasus Mobilfluid 62</u> *)
> <u>HV-Aral HRT</u> *)
> Bayer Silicoöl 100 **)
> synthetische Bayeröle Polyran M 15 und M 25 **)

Eindeutig liegen die Reibungsverhältnisse in den Extremen. Das Shell-
V-Öl 9768 (ein Versuchsöl mit sehr steilem Viskositäts-Temperatur-Verhal-
ten, s. Bild 45 und Tabelle 3) zeigte in allen Fällen eindeutig die größ-
te Reibung, während HRT immer eine geringere Reibung als Mobilfluid aufwies.
Mit dem Wälzkörper R 7 (Bild 37) sind weitere Untersuchungen mit synthetischen
Ölen noch geringerer Reibung (Bayer Siliconöl 100 sowie Polyran M 15 und
Polyran M 25) gemacht worden, und ebenfalls mit drei Ölen mittlerer Rei-
bung (Bayer 1000, Caltex und Veedol).

---

*)   s. Tabelle 3 auf Seite 24
**) s. Tabelle 8 auf Seite 66

Bisher übliche Öle sind z.B. für die Kopp-Touratoren Mobilfluid 62 und
für Contraves-Getriebe das Caltex-Öl.

Im mittleren Bereich zwischen Veedol, GW-Öl, DG-Öl und Mobilfluid reichen
die Bereiche teilweise übereinander. Die Verläufe über der Geschwindigkeit
sind etwas verschieden, wie bereits diskutiert. Im allgemeinen zeigen die
Reibungszahlen über der Geschwindigkeit ein Minimum:

Beim Shell-V-Öl 9868 ist der Verlauf mit den Wälzkörpern R 3 und R 4
sehr flach, während das Minimum bei R 2 und R 6 stärker ausgeprägt ist
und bei R 7 nach einem noch steileren Abfall auftritt. Bei dem Wälzkörper
R 5 ist die Tendenz wegen der Streuung und des geringen Geschwindigkeits-
bereiches nicht sicher zu erkennen. Die anderen Minima liegen zwischen 5
und 10,5 m/sec Rollgeschwindigkeit.

Bei Mobilfluid 62 liegen die ausgeprägten Minima bei niedrigen Rollgeschwindigkeiten zwischen 3 und 5 m/sec.

Bei HRT-Öl zeigt sich bei steigender Rollgeschwindigkeit anfangs überall
ein starker Abfall der Reibung, dann verbleiben die Kurven für alle Wälzkörper über 3,5 m/sec ziemlich flach bei fast gleichbleibender Reibungszahl. Die wenig ausgeprägten Minima liegen alle unterhalb 6,5 m/sec.

Polyran M 15 und M 25 mit dem Wälzkörper R 7 zeigten fast gleiche Ausläufe.
Die ausgestraakten Verläufe sind identisch. Von den untersuchten Schmiermitteln haben sie die geringste Reibung und zeigen schon bei 3 m/sec Rollgeschwindigkeit das Minimum. Danach erfolgt ein Anstieg der Reibungszahl
auf das Doppelte bis zur maximal gemessenen Rollgeschwindigkeit (max. Gleitgeschwindigkeit 0,224 m/sec).

Veedol ist nur mit Wälzkörper R 7 untersucht worden. Es zeigt ein gut ausge-
prägtes Minimum bei 3 m/sec Rollgeschwindigkeit. Das gleiche gilt für das
Öl Bayer 1000, nur daß dessen ermittelten Reibungszahlen über denen von
Veedol um etwa 0,03 höher liegen.

Die restlichen Verläufe mit GW-Öl, DG-Öl, Caltex und Bayer 100 zeigen nur
geringe Abweichungen bei den auftretenden Roll- bzw. Gleitgeschwindigkeiten.

Eine Erklärung der unterschiedlichen Reibungszahlen für das gleiche Öl bei den verschiedenen Wälzkörpern könnte neben den bereits diskutierten geometrischen Verhältnissen (Schmiegungen und r_o), den Geschwindigkeiten und der Pressung wohl in erster Linie im <u>Viskositätsverhalten</u> zu suchen sein. Die Viskosität hängt von der Temperatur (Bild 45) und dem Druck (Bild 46) ab. Leider waren weder die Viskositäts-Druckverläufe, noch die in den Hertz'schen Flächen auftretenden Temperaturen mit Sicherheit bekannt. Für ein dem Mobilfluid 62 ähnliches Öl ist im Schrifttum (S 28) eine Mineralprobe "17-D"bekannt, deren Temperatur-Viskositätsverlauf bei 1 at genau mit Mobilfluid 62 übereinstimmt, und dessen Viskositäten bis über 100 kg/mm^2 Druck und zwischen 0° C und 219° C vermessen wurden (Bild 46). Das HRT-Öl zeigt bei 1 at einen annähernd gleichen Temperatur-Viskositätsverlauf (Bild 45).

Nimmt man an, daß die Reibung von der Viskosität bestimmt wird, so müßten sich entsprechende Tendenzen aus dem Druck-Temperaturverlauf der Viskosität ergeben.

Geht man von den Versuchsergebnissen mit den verschiedenen Reibungszahlen aus, so könnte man für die verschiedenen Wälzkörper z.B. p_m = 2 $p_o/3$, die mittlere Hertz'sche Pressung, in der Berührungsfläche zu Grunde legen und würde dann zu dem Ergebnis kommen, daß Temperaturen bis zu über 100° C Unterschied in den Hertz'schen Flächen herrschen müßten. Versucht man jedoch in Anlehnung an die von B l o k (S 33) gemachten Ansätze die Temperaturerhöhungen rechnerisch abzuschätzen, so ergeben sich nur solche von unter einem Grad Celsius bis zu wenigen Graden, was nicht ausreicht, die sehr unterschiedlichen Reibungen zu erklären.

Es wurden deshalb mit dem Wälzkörper R 7 weitere Versuche [*] unternommen. Hierfür wurden Öle benutzt, deren Druck- und Temperatur-Viskositätsverhalten wenigstens bis 2000 kg/cm^2 und bis 80° C von E. K u s s (Institut für Erdölforschung, Hannover) untersucht worden sind:

---

[*] cand.phys. Dahlen hat diese Versuche sehr gewissenhaft durchgeführt und Versuche des Verfassers wiederholt, womit die Reproduzierbarkeit der Ergebnisse im angegebenen Bereich bestätigt werden konnte.

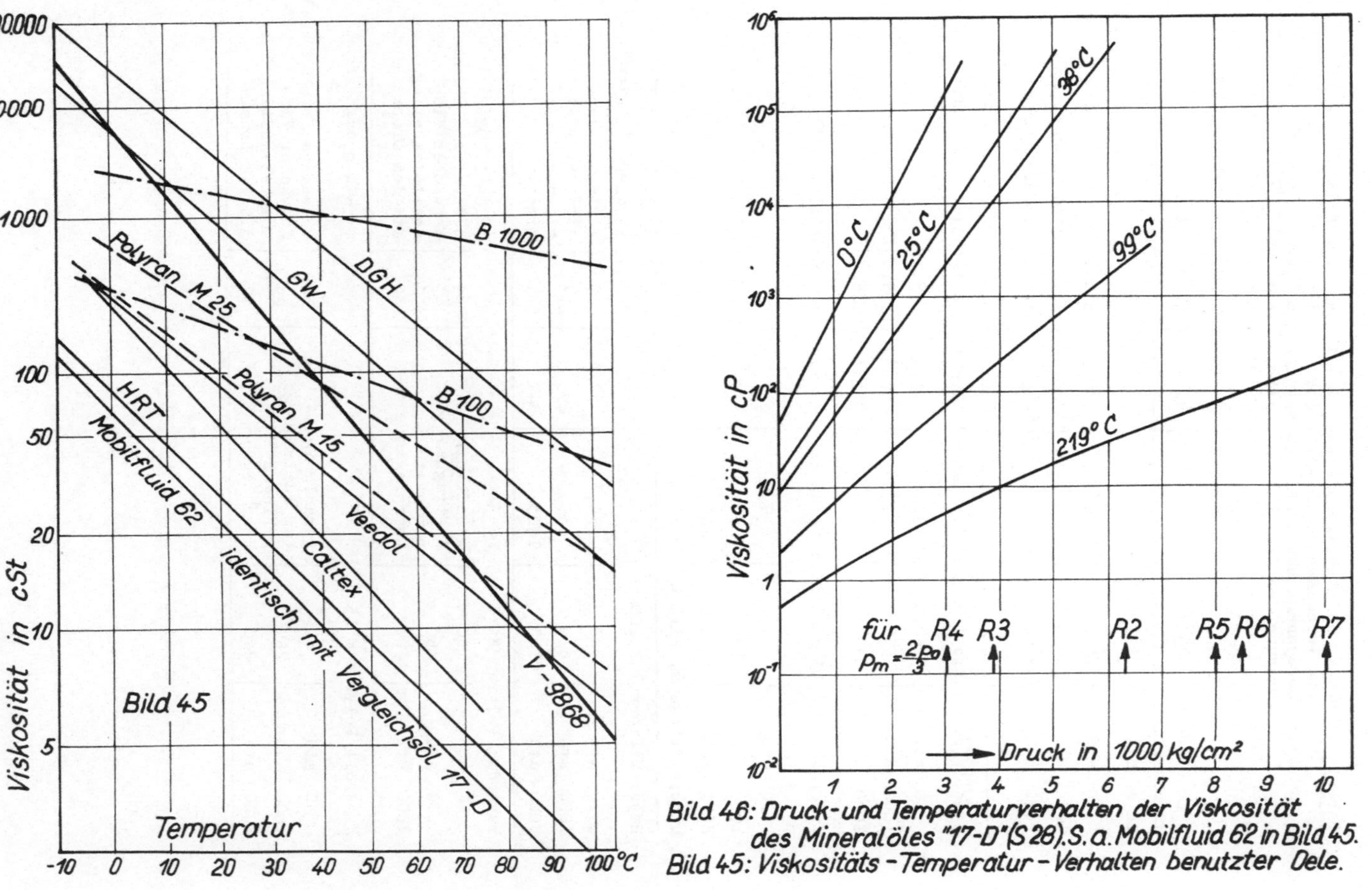

Bild 46: Druck- und Temperaturverhalten der Viskosität des Mineralöles "17-D"(S 28). S. a. Mobilfluid 62 in Bild 45.

Bild 45: Viskositäts-Temperatur-Verhalten benutzter Oele.

<u>Tabelle 8</u>: Druck- und Temperaturabhängigkeit der Viskosität
(aus Versuchen von E.Kuss, Institut für Erdölforschung, Hannover) von verwendeten Ölen
(Ordnung nach der Höhe der Reibung gemäß Bild 37):

η in cP bei	$25^{\circ}C$	$40^{\circ}C$	$60^{\circ}C$	$80^{\circ}C$	Bemerkung
Bayer Siliconöl B 1000					
0 atü	1375	1040	725,5	536,5	geringer Vis-
1000 atü	6005	4220	3080	2195	kositätsanstieg
2000 atü	18850	12300	8485	5605	mit dem Druck
Veedol (automatic transmission fluid): Typ A,AQ ATF-153; γ_{20} = 0,880					
0 atü	62,3	31,4	15,4	9,11	
1000 atü	555	211,5	80,6	39,0	
2000 atü	3503	1144	376,3	146,7	
Mineralöl '17-D' nach Schrifttum S28 (vermutet wie Mobilfluid 62)					bei 100 $^{\circ}C$
0 atü	15	8,5			2,1
1000 atü	105	60			7
2000 atü	920	400			25
höhere Drücke s. Bild 46					
Bayer Siliconöl B 100					$\gamma_{20^{\circ}C}$=0,970 g/cm^3
0 atü	128	94,2	67,4	49,3	geringer Visko-
1000 atü	610	439	293	213	sitätsanstieg mit dem
2000 atü	2143	1403	841	561	Druck
Bayeröl: Polyran M 25					γ_{20}o= 1,002
0 atü	160	geradlinig bei		24	besonders
1000 atü	460	Auftragung p linear		55	schwacher Vis-kositätsanstieg
2000 atü	1300	über log η		130	mit dem Druck
Bayeröl: Polyran M 15					γ_{20}o = 0,976
0 atü	80	geradlinig		12	besonders
1000 atü	260	bei Auftragung p linear		29	schwacher Vis-kositätsanstieg
2000 atü	840	über log η		72	mit dem Druck

Bei der Auswertung mit geradliniger Extrapolation der Druckkurven über den logarythmisch aufgetragenen Viskositäten bis zum mittleren Druck p_m = 10100 kg/cm^2 in der Hertz'schen Fläche des Wälzkörpers R 7 ergäben sich Viskositäten, die bei 25° C bereits 10^7 cP übersteigen und damit kaum noch als flüssig zu bezeichnen sind. Auch ihre Ordnung scheint mit den Viskositäten nicht gemeinsam möglich. Bei einem Vergleich der 80° Isothermen ist eine Ordnung bei 10^4 bis 10^7 cP in der Reihenfolge möglich, daß große Reibung zu hoher Viskosität gehört. Es wird vermutet, daß diese Erkenntnis auch den physikalischen Bedingungen entsprechen könnte, weil es sich hier nicht mehr um Zähigkeiten von flüssigen, sondern z.T. um fast feste Materialien handelt.

Besonders interessant in diesem Zusammenhang ist der Vergleich der synthetischen Bayer Öle Polyran M 25 und M 15, von denen das erstere fast doppelt so viskos ist wie das zweite und doch die Reibungsmessungen das gleiche Ergebnis zeigen.

Leider lassen sich mit diesen Abschätzungen noch keine Theorien aufbauen; aber vielleicht ist es möglich, mit den Wälzkörpern R 3 und R 4 bei mittleren Drücken von 3.000 und 4.000 kg/cm^2 oder mit anderen Wälzkörpern noch geringerer mittlerer Hertz'scher Pressung und den Ölen der Tabelle 8 oder gar Ölen nach S 22, für die die Druck-Viskositäten bis über 10.000 kg/cm^2 gemessen wurden, nachzuholen, und daraus genauere Schlüsse zu ziehen. Andererseits sollte versucht werden, das Problem der Erwärmung bei Reibung in der Hertz'schen Fläche noch einmal nachzuprüfen.

<u>Zusammenfassung der Ergebnisse:</u>
Es sind bei diesen Reibungsmessungen Öle mit relativ großer und bis zu sehr geringer Reibung untersucht worden. Für die Übertragung von Umfangskräften in stufenlos regelbaren mechanischen Wälzgetrieben sind große Reibungen und in vielen anderen Maschinenelementen geringe Reibungen vorteilhaft. Die Versuchsbedingungen entsprachen denen der Wälzgetriebe, so daß besonders für diese wichtige Aussagen gemacht werden konnten. Über die ursächlichen physikalischen Eigenschaften der Öle konnte keine hinreichende Erklärung gefunden werden. Es ist jedoch zu vermuten, daß das Druck-Temperatur-Viskositätsverhalten eine entscheidende Rolle spielt.

7. Theorie der Übertragung von Umfangskräften durch elliptische
   Hertz'sche Flächen bei Wälz-Bohrbewegung

In den vorherigen Kapiteln lag das Zentrum der Bohrbewegung in der Mitte
der Hertz'schen Fläche, so daß die symmetrischen Reibkraftelemente in
allen parallelen Richtungen, also auch in Umfangsrichtung, keine resultierende Kraft ergeben. Legt man nun theoretisch diesen Drehpol aus der
Mitte heraus, so ergibt sich eine resultierende Kraft. Einen solchen Ansatz hat bereits Weber-Kutter (S 18) für rechteckige Hertz'sche Flächen
gemacht; er ist von Thomas (S 10) eingehend untersucht worden. Für die
kreisförmige Hertz'sche Fläche hat O. Lutz (S 19) die Ergebnisse der theoretischen Betrachtung aufgezeigt und durch die Einführung der Begriffe
"Drehpol" und "Kraftpol" anschaulich gemacht. Die Erweiterung auf elliptische Flächen wird nachstehend durchgeführt.[*]

71. Das Zustandsdiagramm für Umfangskraft belastete elliptische
    Hertz'sche Flächen bei Wälz-Bohrbewegung

Am Drehpol sind die Geschwindigkeiten der beiden Wälzkörper gleich.
Eine Umfangskraft kann nur übertragen werden, wenn der Drehpol aus der
Mitte der Hertz'schen Fläche auswandert, andererseits aber vermindert sich
dadurch das Übersetzungsverhältnis und bedingt somit einen Schlupf. Eine
Berechnung des Wirkungsgrades wird aber erst möglich, wenn man auch die
Lage der Umfangskraftresultierenden (Kraftpol) mit berücksichtigt.

711. <u>Berechnung des Bohrmomentes um den Drehpol</u>

Nachfolgend wird mit l der Abstand des Drehpoles von der Mitte der ellip-
tischen Hertz'schen Fläche auf der gemeinsamen mittleren Mantellinie beider
Wälzkörper und mit a die Halbachse der Berührungsfläche in der gleichen
Richtung bezeichnet. Die senkrecht dazu liegende Halbachse in Richtung der
Umfangskraft sei b. Nach Bild 47 wird das Bohrmoment eines Flächenelementes

---

[*] Prof. Lutz hat wertvolle Hinweise für den Lösungsweg gegeben.

um den Drehpol angesetzt.

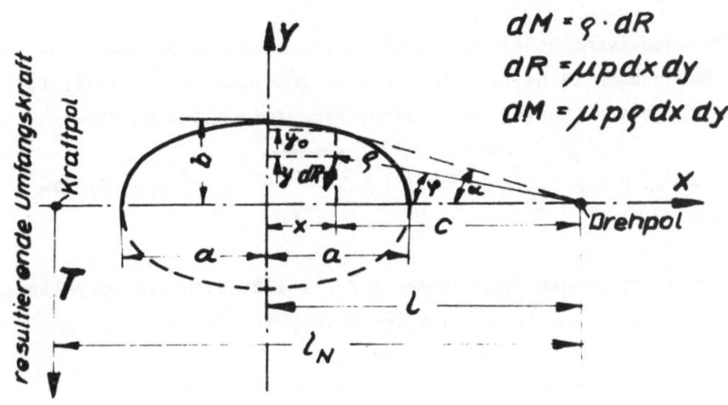

Bild 47: Ansatz für das Bohrmoment mit Umfangskraft

Als Hilfsgrößen werden eingeführt: der Radius ϱ des Flächenelementes zum Drehpol, zu dem das Reibkraftelement wegen der Relativbewegung senkrecht liegt. Dieser kann wieder in kartesischen Koordinaten in $c = l - x$ und y zerlegt werden. Die örtliche Pressung wird nach Hertz elliptisch angenommen und kann durch die maximale Pressung p_o in der Mitte und die kartesischen Koordinaten bzw. durch den Rand der Berührungsfläche y_o dargestellt werden.

$$
\begin{aligned}
dM_b &= \varrho \cdot dR & dR &= \mu\, p\, dF \\
&= \mu \cdot p \cdot dF \cdot \varrho & dF &= dx \cdot dy \\
&= \mu \cdot p \cdot \varrho\, dx\, dy & p &= p_x \sqrt{1 - \frac{y^2}{y_o^2}}
\end{aligned}
$$

$$
y_o^2 = b^2 \left(1 - \frac{x^2}{a^2}\right)
$$

$$
p_x = p_o \sqrt{1 - \frac{x^2}{a^2}}
$$

$$\varphi = \sqrt{c^2 + y^2}\,; \quad c = \ell - x$$

$$dM_b = \mu\, p_0 \sqrt{1 - \frac{x^2}{a^2}} \cdot \sqrt{1 - \frac{y^2}{y_0^2}} \cdot \sqrt{c^2 + y^2} \cdot dy\, dx.$$

Unter Voraussetzung einer konstanten oder mittleren Reibungszahl in der ganzen Berührungsfläche läßt sich dieser Ausdruck integrieren, wobei die Anteile auf beiden Seiten der x-Achse symmetrisch gleich sind:

$$M_b = 2\mu\, p_0 \int_{-a}^{+a} \sqrt{1 - \frac{x^2}{a^2}} \int_0^{y_0} \sqrt{1 - \frac{y^2}{y_0^2}} \; \sqrt{c^2 + y^2}\; dy\, dx. \qquad (35)$$

Wegen des elliptischen Teilintegrals für y läßt sich das Doppelintegral nicht geschlossen auswerten; mit den normierten Werten

$$\chi = x/a \quad \text{und der Substitution} \quad y = y_0 \cos\psi \qquad (36)$$

wird

$$M_b = \frac{2}{3}\mu a^3 p_0 \int_{-1}^{+1} \sqrt{1 - \chi^2} \cdot \frac{\ell/a - \chi}{\sin\alpha} \cdot \left[\left(\frac{\ell}{a} - \chi\right)\cdot F(\alpha) - \left\{ \left(\frac{\ell}{a} - \chi\right) - \frac{b^2}{a^2}\frac{1 - \chi^2}{\frac{\ell}{a} - \chi} \right\} E(\alpha) \right] d\chi$$

mit

$$E(\alpha) = \int_0^{\pi/2} \sqrt{1 - \sin^2\alpha \, \sin^2\psi}\; d\psi\,, \qquad (35a)$$

$$F(\alpha) = \int_0^{\pi/2} \frac{d\psi}{\sqrt{1 - \sin^2\alpha \, \sin^2\psi}}$$

und

$$\sin^2\alpha = \frac{y_0^2}{c^2 + y_0^2} = \frac{1 - \chi^2}{\frac{a^2}{b^2}\left(\frac{1}{a} - \chi\right)^2 + (1 - \chi^2)}$$

(Werte für E (α) und F (α) nach Gegendres S 15).

Das reine Integral dieses Bohrmomentes I_m muß über x/a für konstante b/a und konstante ℓ/a ausplanimetriert werden. Unter Verwendung dieser Kurzschribweise lautet

$$M_b = \frac{2}{3} \mu \, a^3 \, p_o I_m,$$

bzw. mit $P = \frac{2}{3} p_o \pi \, ab$ $\hspace{4cm}$ (37)

ergibt sich das mit μP und $\sqrt{ab}$ als charakteristische Länge der Hertz'-schen Fläche dimensionslos gemachte Bohrmoment um den Drehpol:

$$\frac{M_b}{\mu P \cdot \sqrt{ab}} = \frac{1}{\pi} \left(\frac{a}{b}\right)^{3/2} I_m. \hspace{3cm} (38)$$

712. Berechnung der Umfangskraft bei gleichzeitiger Wälz-Bohrbewegung

Die tangentiale Kraft in Umfangsrichtung T läßt sich mit den gleichen Voraussetzungen (Bild 47) ansetzen:

$$d T = 2 \cdot dR \cdot \cos \varphi,$$

und mit $\cos \varphi = \dfrac{\ell - x}{\varphi} = \dfrac{c}{\sqrt{c^2 + y^2}},$

$$T = 2 \mu \, p_o \int_{-a}^{+a} \sqrt{1 - \frac{x^2}{a^2}} \int_{0}^{y_o} \sqrt{1 - \frac{y^2}{y_o^2}} \cdot \frac{c}{\sqrt{c^2 + y^2}} \; dy \; dx \hspace{1cm} (39)$$

Mit den gleichen Substitutionen und Symbolen (Gl. 36 usw) wie bei der Ableitung des Bohrmomentes wird:

$$T = 2 \mu \, p_o a^2 \int_{-1}^{+1} \sqrt{1 - \mathcal{X}^2} \cdot \frac{\frac{\ell}{a} - \mathcal{X}}{\sin \alpha} \left[F(\alpha) - E(\alpha) \right] \; d\mathcal{X} . \hspace{1cm} (39a)$$

Bezeichnet man das reine Integral der Umfangskraft mit I_T, das ebenso wie das Integral I_m über x/a für konstante b/a und konstante ℓ/a ausplanimetriert wird, so ist

$$T = 2 \mu \, p_o \, a^2 \, I_T \hspace{5cm} (39b)$$

und mit Gleichung 37 für P ergibt sich

$$\frac{T}{\mu P} = \frac{3}{\pi} \frac{a}{b} \, I_T \hspace{5cm} (40)$$

eine dimensionslose Umfangskraft oder ein Ausnutzungsgrad, da der Wert höchstens gegen eins gehen kann. Der Kehrwert $\mu P/T$ wird in der Literatur gelegentlich auch als Rutschsicherheit S_R bezeichnet.

713. <u>Die Lage der Umfangskraft T</u> auf der Mantellinie (Kraftpol) ist berechenbar als Abstand ℓ_N vom Drehpol durch

$$\frac{M}{\mu\,P\,\sqrt{ab}} : \frac{T}{\mu\,P} = \frac{M}{T\cdot\sqrt{ab}} = \frac{1}{3}\,\frac{a}{b}\,\frac{I_m}{I_T} = \frac{\ell_N}{\sqrt{ab}} \; . \tag{41}$$

Dieser dimensionslose Kraftpolabstand vom Drehpol ergibt Werte größer als eins bis ∞ . Für eine Auftragung wurde deshalb - wie für $T/\mu P$ - der Bereich zwischen Null und eins des Reziprokwertes $\sqrt{ab}/\,\ell_N$ gewählt.

714. <u>Entwurf des Zustandsdiagramms</u>

Im Zustandsdiagramm sollen die vorkommenden Reibzustände bei Wälz-Bohrbewegung enthalten sein für alle elliptischen Hertz'schen Flächen, deren eine Hauptachse in der Ebene der sich schneidenden Drehachsen liegt. Aus der Berechnung ergab sich, daß eine Darstellung über dem Verhältnis der Hauptachsen a/b möglich ist, während deren wirkliche Länge mit der charakteristischen Länge $\sqrt{ab}$ berechenbar ist, mit der die variablen Polabstände dimensionslos gemacht sind.

Nun geht durch die **Definition** (a Hauptachse in Richtung der Mantellinie) das Verhältnis von a/b von unendlich über eins bis null. Für eine Darstellung bot sich deshalb wieder die Hertz'sche Hilfsgröße $\cos\vartheta$ (Gleichung 12) an, die in den Handbüchern allerdings nur als positive Größe angegeben wird. Da hier aber Werte $a \lessgtr b$ behandelt werden, müssen auch die Fälle mit negativen Werten von $\cos\vartheta$, die andere Reibungszustände ergeben, berücksichtigt werden. Es soll deshalb <u>$\cos\vartheta$ positiv sein, wenn a < b ist, und negativ, wenn</u> <u>a > b</u> ist; dies ist über die Berechnungsleichung (Gl. 12) von $\cos\vartheta$ möglich, wenn

$1/r_1$ und $1/r_2$ Krümmungen der Wälzkörper in der gemeinsamen
                                  Ebene der Drehachsen (sowie der gemeinsamen

Mantellinie, der Polabstände und der
Hauptachse a)und

$1/r_3$ und $1/r_4$ Krümmungen der Wälzkörper in der Ebene
senkrecht zur gemeinsamen Mantellinie
durch die Mitte der Hertz'schen Fläche
(in Rollrichtung) sind.

Damit wird, wenn die Summe der Krümmungen in Rollrichtung (Ebene von b)
größer ist als die Summe der Krümmungen in der Drehachsenebene (Ebene
von a), das Achsenverhätnis $a/b > 1$ und $\cos \vartheta$ negativ:

$$1/r_3 + 1/r_4 \quad > \quad 1/r_1 + 1/r_2$$
$$b \quad < \quad a$$
$$\cos \vartheta \quad < \quad 0.$$

Mit der Hilfsgröße $\cos \vartheta$ als Ordinate (Bild 48 und 48a) sind die auf den
Reibzustand Einfluß nehmenden konstruktiven Abmessungen festgelegt. Die
anderen 3 Kennzahlen $T/\mu P$ [*]), $\ell_N/\sqrt{ab}$ und $\ell/\sqrt{ab}$ sind Zustandsgrö-
ßen. Es wurde deshalb entsprechend dem Berechnungsgang $\ell/\sqrt{ab}$ die
Drehpolauswanderung aus der Mitte der Hertz'schen Fläche als Abszisse gewählt und die anderen beiden Kennzahlen ($T/\mu P$ und $\sqrt{ab}/\ell_N$) in diesen beiden Koordinaten eingetragen.

Lutz (S 19) und (S 34) hat für die Auswanderungsstrecken die Bezeichnungen
ℓ, ℓ_N, ℓ_M (d. i : $\ell_M = \ell_N - \ell$) eingeführt, weil diese Längen
jeweils maßgeblich den Drehzahlschlupf (ℓ), den Leistungsverlust (ℓ_N)
und den Momentenverlust (ℓ_M) kennzeichnen. Die Auftragung (S 19) von
$T/\mu P = \mu_N/\mu$ über den Auswanderungen $\ell/\sqrt{ab}$ und $\ell_N/\sqrt{ab}$ ergibt
außerordentlich anschauliche Ergebnisse für die Kreisfläche, ist aber für
exakte Ablesungen bei elliptischen Flächen wenig geeignet.

---

[*])
    $T/\mu P$ entspricht nach Lutz (S34) dem Ausdruck μ_N/μ, worin μ_N als in
Anspruch genommenes Nutz-μ bezeichnet ist.

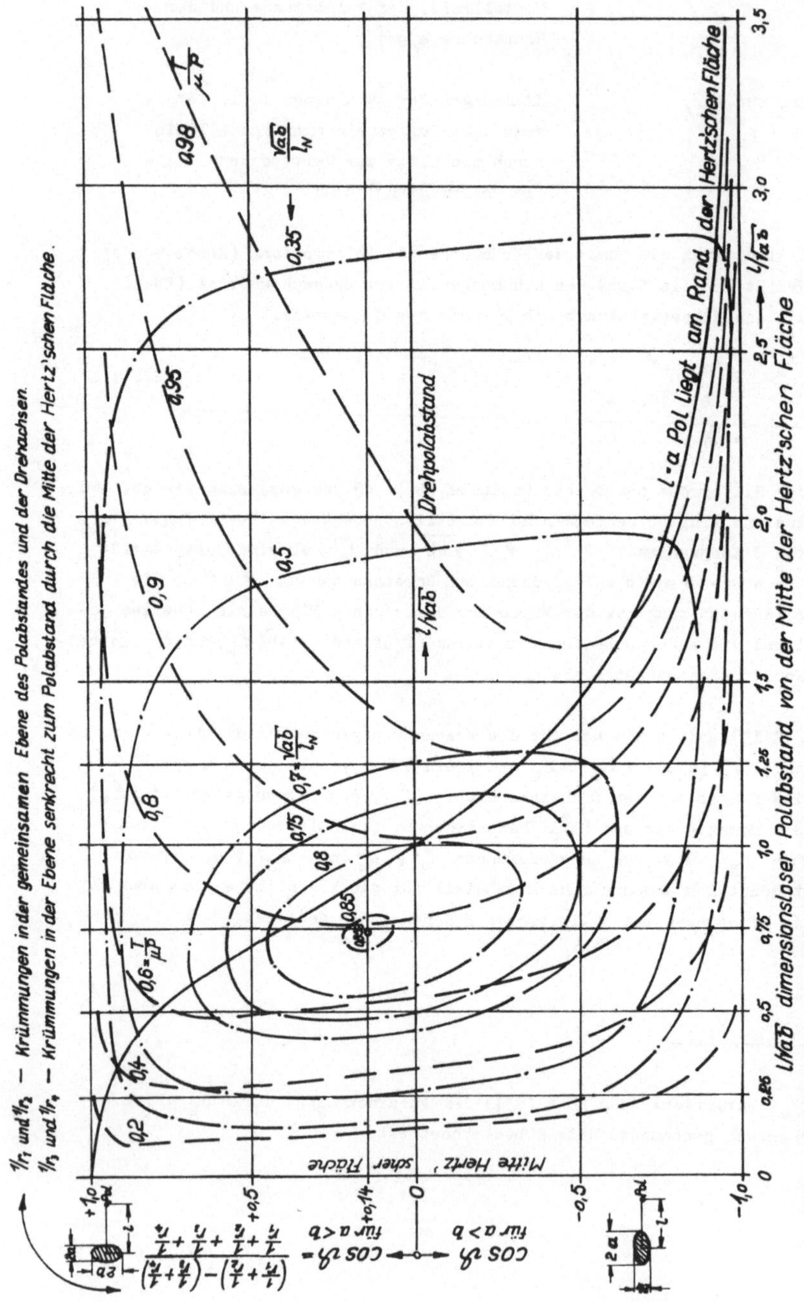

Bild 48: Zustandsdiagramm
für die Übertragung von Umfangskräften (T) bei Wälz-Bohrbewegung und Punktberührung.

Ein größeres Diagramm zur genaueren Ablesung der Werte $T/\mu P$ und $\sqrt{ab}/l_N$ sowie des Quotienten $M/\mu P\sqrt{ab}$ ist als loses Blatt diesem Heft beigefügt.

- 75 -

| $\frac{\mu P}{T}=S_R$ | $\frac{T}{\mu P}$ | $\cos\vartheta$ +0,843 | | +0,600 | | +0,539 | | +0,481 | | +0,424 | | +0,368 | | +0,264 | | +0,140 | | ±0,0 | |
| | | a/b 0,2 | | 0,4 | | 0,45 | | 0,50 | | 0,55 | | 0,60 | | 0,70 | | 0,827 | | 1,0 | |
		$\ell_N/\sqrt{ab}$	$\ell/\sqrt{ab}$	$\ell_N/\sqrt{ab}$	$\ell/\sqrt{ab}$	$\ell_N/\sqrt{ab}$	$\ell/\sqrt{ab}$	$\ell_N/\sqrt{ab}$	$\ell/\sqrt{ab}$	$\ell_N/\sqrt{ab}$	$\ell/\sqrt{ab}$	$\ell_N/\sqrt{ab}$	$\ell/\sqrt{ab}$	$\ell_N/\sqrt{ab}$	$\ell/\sqrt{ab}$	$\ell_N/\sqrt{ab}$	$\ell/\sqrt{ab}$	$\ell_N/\sqrt{ab}$	$\ell/\sqrt{ab}$
1,25	0,8	1,880	1,130	1,395	0,840	1,325	0,825	1,290	0,800	1,246	0,780	1,222	0,773	1,188	0,760	1,173	0,772	1,186	0,800
1,4	0,715	1,720	0,825	1,373	0,648	1,303	0,633	1,278	0,629	1,250	0,630	1,225	0,634	1,202	0,638	1,193	0,655	1,197	0,680
1,6	0,625	1,754	0,617	1,424	0,517	1,368	0,514	1,330	0,515	1,303	0,522	1,285	0,535	1,260	0,542	1,257	0,550	1,250	0,575
1,8	0,556	1,867	0,490	1,507	0,435	1,455	0,442	1,404	0,444	1,383	0,450	1,365	0,460	1,333	0,472	1,327	0,477	1,316	0,500
2,0	0,5	2,000	0,405	1,600	0,378	1,555	0,387	1,488	0,392	1,467	0,396	1,450	0,402	1,422	0,415	1,412	0,424	1,409	0,437
2,2	0,455	2,170	0,343	1,720	0,332	1,650	0,345	1,585	0,352	1,560	0,355	1,540	0,356	1,520	0,370	1,480	0,380	1,504	0,390
2,4	0,417	2,377	0,295	1,854	0,294	1,765	0,310	1,703	0,317	1,676	0,320	1,657	0,325	1,635	0,330	1,627	0,340	1,593	0,353
2,6	0,385	2,532	0,262	1,968	0,268	1,880	0,280	1,818	0,285	1,788	0,290	1,769	0,295	1,732	0,302	1,725	0,312	1,710	0,320
3,33	0,3	3,33	0,300	2,49	0,195	2,40	0,205	2,34	0,213	2,28	0,215	2,24	0,218	2,16	0,225	2,13	0,236	2,095	0,242
4	0,25	4,08	0,245	3,04	0,157	2,97	0,164	2,82	0,170	2,73	0,175	2,67	0,179	2,56	0,186	2,51	0,193	2,49	0,198

| $\frac{\mu P}{T}=S_R$ | $\frac{T}{\mu P}$ | $\cos\vartheta$ −0,133 | | −0,25 | | −0,340 | | −0,415 | | −0,480 | | −0,532 | | −0,5785 | | −0,617 | |
| | | a/b 1,2 | | 1,4 | | 1,6 | | 1,8 | | 2,0 | | 2,2 | | 2,4 | | 2,6 | |
		$\ell_N/\sqrt{ab}$	$\ell/\sqrt{ab}$	$\ell_N/\sqrt{ab}$	$\ell/\sqrt{ab}$	$\ell_N/\sqrt{ab}$	$\ell/\sqrt{ab}$	$\ell_N/\sqrt{ab}$	$\ell/\sqrt{ab}$	$\ell_N/\sqrt{ab}$	$\ell/\sqrt{ab}$	$\ell_N/\sqrt{ab}$	$\ell/\sqrt{ab}$	$\ell_N/\sqrt{ab}$	$\ell/\sqrt{ab}$	$\ell_N/\sqrt{ab}$	$\ell/\sqrt{ab}$
1,25	0,8	1,202	0,824	1,227	0,865	1,263	0,897	1,280	0,936	1,325	0,977	1,360	1,013	1,388	1,047	1,433	1,079
1,4	0,715	1,220	0,711	1,245	0,743	1,275	0,772	1,292	0,802	1,325	0,835	1,370	0,862	1,399	0,889	1,437	0,923
1,6	0,625	1,270	0,603	1,298	0,630	1,333	0,652	1,366	0,673	1,389	0,700	1,424	0,720	1,460	0,743	1,488	0,773
1,8	0,556	1,346	0,527	1,385	0,547	1,420	0,565	1,447	0,581	1,486	0,600	1,500	0,620	1,545	0,640	1,570	0,669
2,0	0,5	1,435	0,465	1,482	0,483	1,524	0,495	1,550	0,511	1,585	0,525	1,613	0,543	1,640	0,568	1,675	0,586
2,2	0,455	1,527	0,418	1,580	0,434	1,620	0,447	1,653	0,458	1,687	0,472	1,715	0,487	1,751	0,505	1,785	0,527
2,4	0,417	1,643	0,375	1,680	0,392	1,730	0,402	1,760	0,415	1,795	0,427	1,831	0,440	1,870	0,457	1,906	0,477
2,6	0,385	1,748	0,343	1,787	0,357	1,835	0,367	1,865	0,379	1,905	0,390	1,940	0,405	1,980	0,420	2,039	0,437
3,33	0,3	2,15	0,259	2,18	0,269	2,24	0,276	2,32	0,282	2,35	0,296	2,39	0,307	2,46	0,318	2,50	0,334
4,0	0,25	2,50	0,212	2,56	0,218	2,62	0,225	2,65	0,236	2,76	0,244	2,84	0,252	2,92	0,260	2,94	0,277

Tabelle 9: Zahlenwerte aus dem Zustandsdiagramm zur Berechnung der Verluste an einer Reibstelle mit Punktberührung. Ohne Bohrbewegung ist $\ell_N = 0$, $\ell = 0$.

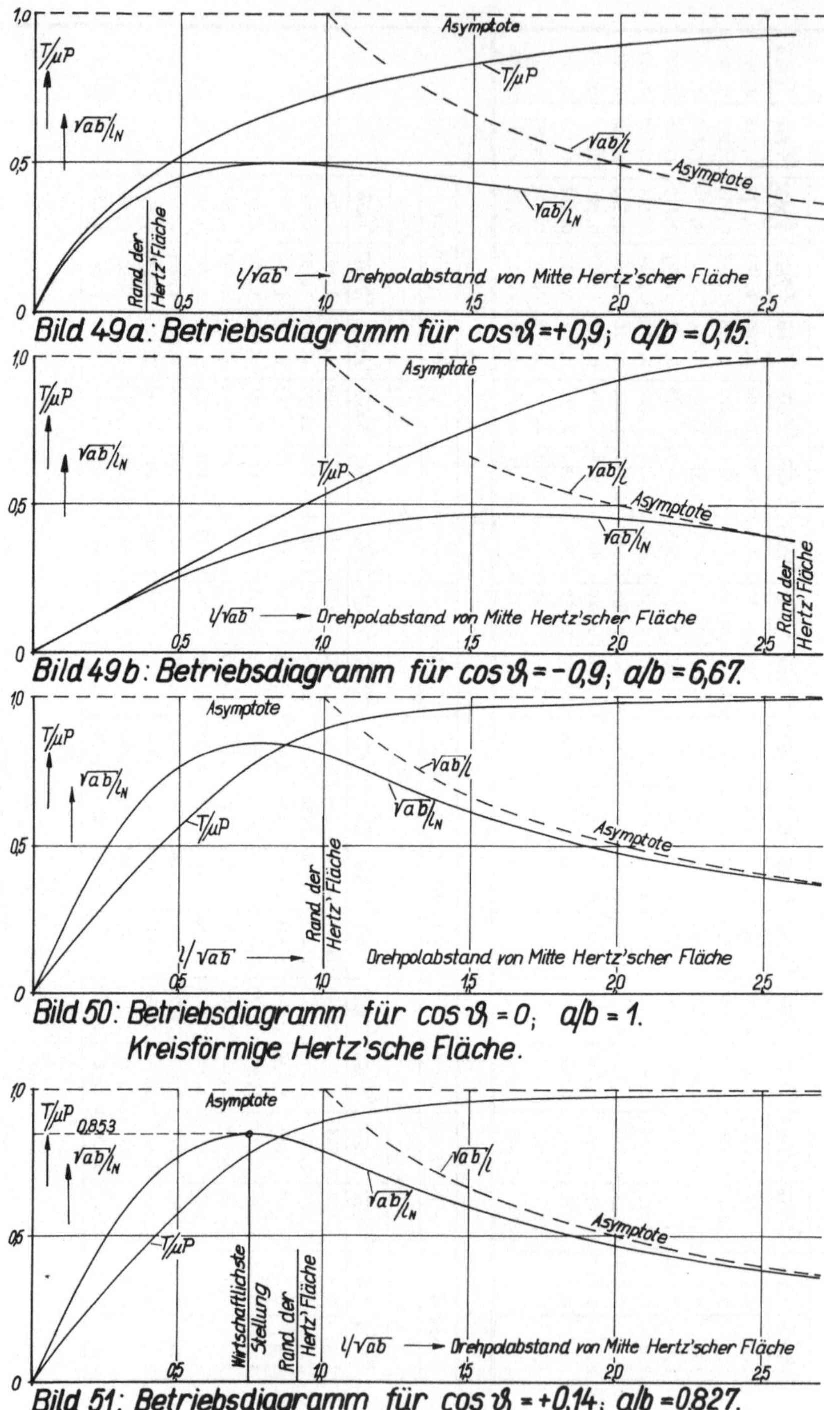

Bild 49a: Betriebsdiagramm für cos ϑ = +0,9; a/b = 0,15.

Bild 49b: Betriebsdiagramm für cos ϑ = –0,9; a/b = 6,67.

Bild 50: Betriebsdiagramm für cos ϑ = 0; a/b = 1.
Kreisförmige Hertz'sche Fläche.

Bild 51: Betriebsdiagramm für cos ϑ = +0,14; a/b = 0,827.

Hier ist die erste Form gewählt, weil sie mit dem als Anlage beigefügten
großen Diagramm (Bild 48 a) eine der Rechnung entsprechend genaue Ablesung ermöglicht. Die Tabelle 9 gibt darüberhinaus für einige Werte $\cos\vartheta$
und $T/\mu P$ die Möglichkeit, direkt die beiden anderen Kenngrößen abzulesen.
In einem bestimmten Schnitt parallel zur Abszisse ergeben sich damit alle
möglichen Betriebszustände für eine durch ihre Krümmungen bestimmte Reibstelle.

715. <u>Auswertung des Zustandsdiagramms</u>

Aus dem Zustandsdiagramm (Bild 48 a, Sonderbeilage) kann man für eine zu
untersuchende Reibstelle, die mit $\cos\vartheta$ (Gl. 12) gegeben ist, durch einen
Schnitt parallel zur Abszisse die anderen 3 Kenngrößen ($T/\mu P$, $\ell/\sqrt{ab}$
und $\ell_N/\sqrt{ab}$ punktweise - ähnlich Tabelle 9 - ablesen und über dem dimensionslosen Drehpolabstand $\ell/\sqrt{ab}$ als Betriebsdiagramm auftragen, etwa
wie es für 3 Fälle in Bild 49 bis 51 ausgeführt ist. In einem solchen Betriebsdiagramm sind alle möglichen Betriebszustände für diese Reibstelle
erfaßt, wenn die Reibungszahl μ bekannt ist. Die weiterhin zu berücksichtigende Anpressung P (kg) erfolgt über die charakteristische Länge $\sqrt{ab}$,
die sich nach Hertz berechnet zu:

$$\sqrt{ab} = (\xi\cdot\eta)^{1/2}\left[\frac{3\,(1-\nu^2)\cdot P}{E\,(1/r_1 + 1/r_2 + 1/r_3 + 1/r_4)}\right]^{1/3} \tag{42}$$

(bei ungleichem Elastizitätsmodul gilt: $\dfrac{2}{E} = \dfrac{1}{E_1} + \dfrac{1}{E_2}$)

bzw. für Stahl auf Stahl mit $\nu = 0{,}3$ und $E = 2{,}1\cdot 10^4$ kg/mm^2 (wenn
P in kg und $r_1 \ldots r_4$ in mm eingesetzt wird):

$$\sqrt{ab} = (\xi\cdot\eta)^{1/2}\left[\frac{0{,}13\cdot 10^{-3}\cdot P}{1/r_1 + 1/r_2 + 1/r_3 + 1/r_4}\right]^{1/3} \text{ (mm)} \tag{42a}$$

$(\xi\cdot\eta)^{1/2}$ kann leicht aus Bild 8 berechnet werden, in dem $(\xi\cdot\eta)^{3/2} = f(\cos\vartheta)$
dargestellt ist.

Die Hertz'sche Pressung p_0 in der Mitte der Hertz'schen Fläche steht
gleichfalls mit der charakteristischen Länge in Beziehung:

$$\sqrt{ab} = 3\,P\,/\,2\,\pi\,p_0 \tag{37a}$$

Die Betriebsdiagramme bilden die Grundlage für die weitere Auswertung bezüglich der Verluste. Wie in den nächsten Kapiteln erörtert wird, muß dazu noch die Lage der Hertz'schen Fläche zu der An- und Abtriebsachse berücksichtigt werden. Für die Auslegung von Getrieben bzw. für deren Betriebsbedingungen wie z.B. die Anpressung können die Betriebsdiagramme benutzt werden, wenn man hinreichend genau die mittlere Reibungszahl μ für den betreffenden Fall kennt.

Da die Bedeutung der Reibungszahl hieraus erkennbar ist, wird es Aufgabe der Forschung oder auch der einschlägigen Industrie mit grundsätzlichen Versuchen bestimmter Wälzkörper oder auch mit Industriegetrieben sein, die Reibungszahlen unter Betriebsbedingungen und Anwendung dieser theoretischen Erkenntnisse zu ermitteln. Erst durch Kenntnis des Drehpoles - des Punktes, der nicht rutscht - lassen sich die örtlichen Gleitgeschwindigkeiten ermitteln, von der die Reibungszahl ebenso abhängig ist wie von der Reibpaarung und von dem evtl. verwendeten Schmiermittel bei Betriebsdruck und Temperatur.

72. Schlupf an einer Übertragungsstelle

Der Schlupf ist definiert als Verlust am Übersetzungsverhältnis oder Drehzahlverlust auf der Abtriebsseite bei gleicher Antriebsdrehzahl:

$$s = 1 - \frac{i}{i_o} = 1 - \frac{n_2}{n_1} \frac{n_{10}}{n_{20}}, \tag{38}$$

wobei $i_o = n_{20}/n_{10}$ des Übersetzungsverhältnisses beim schlupflosen Abwälzen der Mitte der Hertz'schen Fläche und $i = n_2/n_1$, das schlupfbehaftete Übersetzungsverhältnis bezeichnet. Beim Schlupfen muß die Mitte der Hertz'schen Fläche des Antriebswälzkörpers vorauseilen. Zur Berechnung benötigt man die entsprechenden Radien bzw. Mantellinienlängen, die mit den Polabständen und den Mantellinienlängen von der Mitte der Hertz'schen Fläche bis zum Schnittpunkt mit der entsprechenden Drehachse (ℓ_I bzw. ℓ_{II}) auszudrücken sind. Ist eine der beiden Wälzflächen hohlgekrümmt, so liegen diese Mantellinienlängen auf derselben Seite der Hertz'schen Flächen. Die Länge ℓ_{II} der Abtriebsseite ist d a n n   n e g a t i v   e i n z u s e t z e n (Bild 52):

$$s = 1 - \frac{(\ell_I - \ell)\sin\alpha}{(\ell_{II} + \ell)\sin\beta} \cdot \frac{\ell_{II}\sin\beta}{\ell_I\cdot\sin\alpha} \tag{39}$$

$$s = \frac{\ell/\ell_I + \ell/\ell_{II}}{1 + \ell/\ell_{II}} \tag{40}$$

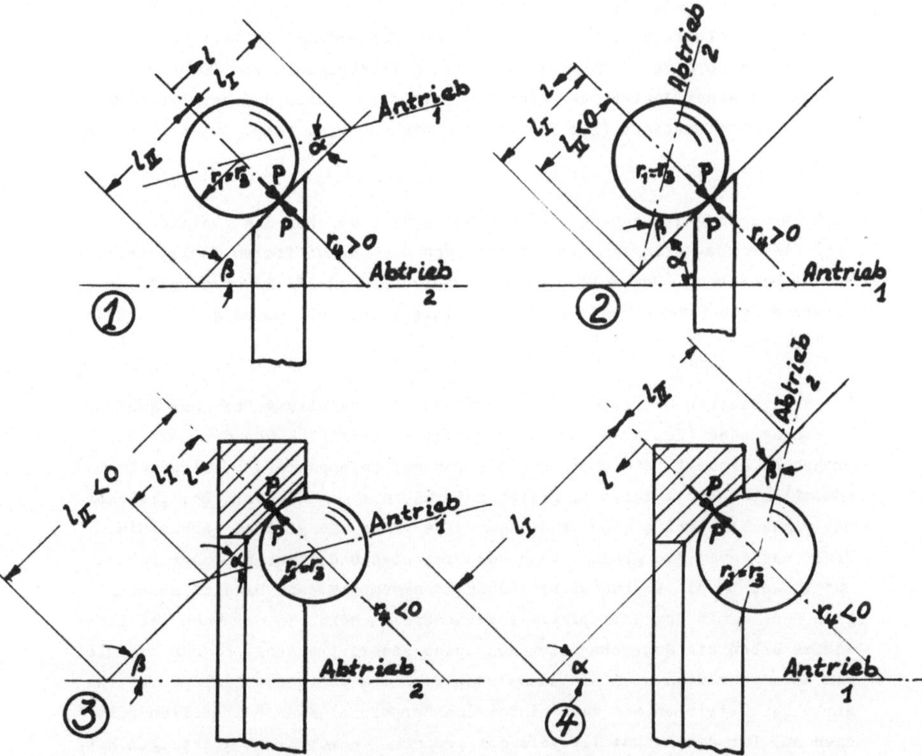

Bild 52: Geometrische Bedingungen bei verschiedenen An- und Abtriebs-
verhältnissen: Es ist immer $\ell_I > 0$ und ℓ in Richtung von ℓ_I.
In den gezeichneten Fällen ist $r_1 = r_3 > 0$, $r_2 = \infty$.

In 1 u. 3 ist $r_4 > 0$ und $\cos\alpha < 0$ nach Gl. 12 und Seite 72.
In 3 u. 4 ist $r_4 < 0$ und $\cos\beta > 0$ nach Gl. 12 und Seite 72.
In 2 u. 3 liegt ℓ_{II} auf der gleichen Seite wie ℓ_I, d.h. $\ell_{II} < 0$.
In 1 u. 4 ist $\ell_{II} > 0$.

Da im Normalbetrieb ($T/\mu P$ = 0,4 ... 0,8) das Verhältnis ℓ/ℓ_{II} klein
gegen eins ist, kann man schreiben (S 34):

$$ s = \frac{\ell}{\ell_I} \underset{(-)}{+} \frac{\ell}{\ell_{II}} = \frac{\ell}{\ell_o} . \tag{40a}$$

In dieser Berechnung ist allerdings nicht der beim Abrollen noch auftretende Dehnschlupf (S 9) enthalten. Bei der Auswertung von Getriebeversu-
chen läßt sich dieser Dehnschlupfanteil in Abhängigkeit vom Drehmomenten-
anteil aus einer Analyse der gesamten Getriebeverluste und Vergleich mit
dem Drehmomentenabfall (Kap 73) und dem Wirkungsgrad (Kap. 74) berücksichtigen.

Eine Berechnung des angegebenen Schlupfes erfolgt über das Zustands-
(bzw. Betriebs-)diagramm, in dem die Lage der schlupffreien Stelle bei
Wälz-Bohrreibung (Drehpol) mit dem Ausnutzungsgrad ($T/\mu P$) gekoppelt ist.
Je größer die Umfangskraft T im Verhältnis zu μP ist, um so größer muß der
Schlupf sein.

Bei den modernen Getrieben ist allerdings zur Ausnutzung des günstigsten
Wirkungsgrades (Kap. 74), der auch wiederum wesentlich von der Lage des
Drehpoles abhängt, die Anpreßkraft P von der Umfangskraft (bzw. vom Drehmoment) abhängig - meist im gleichen Verhältnis - gesteuert. Bei gleicher
Reibungszahl μ müßte also in diesem Falle immer das gleiche Verhältnis
$T/\mu P$ und damit die gleiche Lage des Drehpoles und immer gleicher Schlupf
auftreten. Da die Reibungszahl jedoch in einem gewissen Bereich schwankt,
kann auch damit der Schlupf etwas veränderlich sein. In der Nähe des Leer-
laufes haben die Getriebe meist noch eine Federanpressung, so daß bei kleinen Umfangskräften sich die Ausnutzung $T/\mu P$ und damit der Schlupf verrin-
gert. Bei Getrieben mit zwei hintereinandergeschalteten Reibstellen gilt
dies nur für die Reibstelle, die das größere Drehmoment zu übertragen hat,
weil hierdurch die Anpressung auch für die zweite Übertragungsstelle mitge-
steuert wird. Die Ausnutzung $T/\mu P$ für die letztere und deren Schlupf müßte
dann ebenfalls geringer sein.

73. Momentenverlust

Der Momentenverlust wird mit den Hebelarmen der Umfangskraft berechnet
zu

$$\frac{\Delta M}{M_1} = \frac{M_1 - M_2 \frac{M_{10}}{M_{20}}}{M_1} = \frac{(\ell_I + \ell_N - \ell) - (\ell_{II} - \ell_N + \ell)\,\ell_I/\ell_{II}}{\ell_I - \ell_N - \ell} \tag{41}$$

mit
$$M_1 = T\,(\ell_I + \ell_N - \ell)\,\sin\alpha$$

$$M_2 = T\,(\ell_{II} - \ell_N + \ell)\,\sin\beta$$

$$M_{10} = T \cdot \ell_I \,\sin\alpha$$

$$M_{20} = T \cdot \ell_{II}\,\sin\beta \qquad \text{nach Bild 52.}$$

Daraus ergibt sich

$$\frac{\Delta M}{M_1} = \frac{\ell_N - \ell}{\ell_o} \cdot \frac{1}{1 + (\ell_N - \ell)/\ell_I}, \tag{42}$$

oder wenn man wieder das Verhältnis im Nenner (bei nicht allzu geringer
Ausnutzung $T/\mu P$) als klein gegen eins vernachlässigt (S 34):

$$\frac{\Delta M}{M_1} = \frac{\ell_N - \ell}{\ell_I} \overset{+}{(-)} \frac{\ell_N - \ell}{\ell_{II}} = \frac{\ell_N - \ell}{\ell_o} \tag{42a}$$

(ℓ_{II} negativ, s. vor Gl. 39 und Bild 52).

Da ℓ bereits aus dem Schlupf bekannt ist, kann man mit einem der Drehmomente die Umfangskraft T bestimmen. Aus dem Zustands- (bzw. Betriebs)dia-
gramm erkennt man, daß bei geringer werdender Ausnutzung ℓ_N größer und ℓ
kleiner werden muß und sich somit die Momentenverluste vergrößern, während
die Schlupfverluste geringer werden.

74. Leistungsverluste einer Übertragungsstelle

Wie in den vorherigen Ableitungen (Bild 52) die Lage des Kraftpoles durch die Strecke $(\ell_N - \ell)$ nach der entgegengesetzten Seite wie der Drehpol (ℓ) von der Mitte der Hertz'schen Fläche liegt, ergibt sich der Leistungsverlust $\Delta\eta = N_R/N_1$:

$$\Delta\eta = 1 - \frac{M_2 n_2}{M_1 n_1} = 1 - \frac{T \cdot [\ell_{II} - (\ell_N - \ell)] \cdot \sin\beta}{T [\ell_I + (\ell_N - \ell)] \cdot \sin\alpha} \cdot \frac{(\ell_I - \ell) \sin\alpha}{(\ell_{II} + \ell) \sin\beta}. \qquad (43)$$

Hieraus errechnet sich

$$\Delta\eta = \frac{\ell_N / \ell_I + \ell_N / \ell_{II}}{(1 + \frac{\ell_N - \ell}{\ell_I})(1 + \ell / \ell_{II})}, \qquad (44)$$

oder wenn wiederum die geringen Abweichungen von eins im Nenner vernachlässigt werden (S 34):

$$\Delta\eta = \frac{\ell_N}{\ell_I} \underset{(-)}{+} \frac{\ell_N}{\ell_{II}} = \frac{\ell_N}{\ell_0} \qquad (44a)$$

(ℓ_{II} negativ, s. vor Gl. 39 und Bild 52).

Der geringste Verlust tritt also auf, wenn ℓ_N am kleinsten, bzw. bei konstanter Anpressung $\sqrt{ab} / \ell_N$ am größten ist. Im Zustands- (bzw. Betriebs-) diagramm ist dieser Kehrwert $\sqrt{ab} / \ell_N$ aufgetragen und zeigt immer ein Optimum, dessen Lage identisch ist mit der Ausnutzung für den besten Wirkungsgrad.

$\sqrt{ab} / \ell_N$ zeigt in Abhängigkeit von der Form der Hertz'schen Fläche verschiedene Optimalwerte. Am günstigsten liegt $\cos\vartheta = + 0,14$ (Bild 51) mit dem Maximum bei einem Drehpolabstand $\ell = 0,75 \cdot \sqrt{ab}$ und einer Ausnutzung von $T/\mu P = 0,78$. Bei kreisförmiger Hertz'scher Fläche liegt das etwas geringere Optimum bei $T/\mu P = 0,8$. Mit größerer Streckung der Hertz'schen Ellipse in Richtung der Mantellinie wandert das Optimum zu etwas größerer Ausnutzung, bleibt aber bei $+ 0,9 > \cos\vartheta > - 0,9$ im Bereich von etwa $T/\mu P = 0,75 \ldots 0,85$.

8. **Auswertung von englischen Versuchen mit kreisförmigen Hertz'schen Flächen u n d U m f a n g s k r ä f t e n**
(Zwei-Kugel-Maschine, Lane, Thornton(S 31))

Zu der theoretischen Entwicklung der Umfangskraft (Kapitel 7) bei bohrender Bewegung geben Versuche von Lane (S 31) ein praktisches Beispiel. In der Veröffentlichung sind lediglich die Versuche beschrieben und die Auswertung ohne den Ansatz einer Theorie dargestellt (Bild 53a und 54). Sinn der Veröffentlichung war neben einer nicht gedeuteten Darstellung eines Koeffizienten der Reibung, die Angabe von Unterschieden in Beiwerten bei Verwendung verschiedenartiger Öle, wobei u.a. ein Öl Nr. 7 untersucht wurde, das dem im Kapitel 5 und 6 erwähnten Öl-V-9868 sehr ähnlich zu sein scheint. Auch Lane hat mit diesem Öl die größten Reibungszahlen erzielt.

81. **Beschreibung der Zwei-Kugel-Maschine von Lane**

Die Zwei-Kugel-Maschine (Bild 53a) besteht aus zwei Kugeln von 38,1 mm $\emptyset$, die bei Berührung unter einer konstanten Anpreßkraft um praktisch parallele Achsen in Rotation gehalten werden. Der Abstand der Achsen beträgt 2 r = 7,11 mm, wodurch die Hertz'sche Berührungsebene um den Winkel Θ = 9° gegenüber der Normalebene zu den Rotationsachsen geneigt ist.

Die u n t e r e Kugel wird mit einer regelbaren Drehzahl n_L angetrieben. Alle Kräfte und Momente sind gegenüber dem Fundament fest abgestützt.

Die o b e r e Kugel stützt sich auf der unteren Kugel ab. Sie ist mit ihrem gesamten eigenen Antriebs- und Belastungssystem um die Achse (A B) parallel zu den Rotationsachsen der beiden Kugeln (Bild 53b) drehbar angeordnet. Somit kann durch ein Wägesystem (W - S = Gewicht - Federkraft) ein Reibungsmoment (M_{gem}) um die Achse A B gemessen werden. Zur Ausschaltung von Meßfehlern (Kräfte E) wurde jeder Versuch zweimal jeweils mit entgegengesetzten Drehgeschwindigkeiten gefahren, wobei nicht nur der Fehler E, sondern auch die Größe W herausfallen soll (Bild 53b).

Für die Darstellung in Bild 54 sind jeweils konstante Drehzahlen der obe-

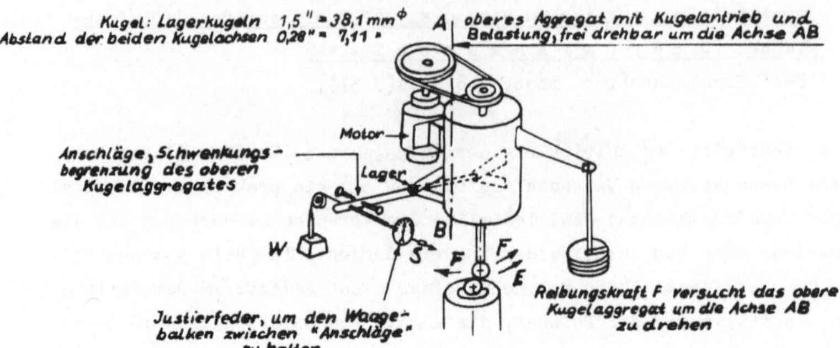

Bild 53a: Schematischer Aufbau der Zweikugelmaschine von Lane.

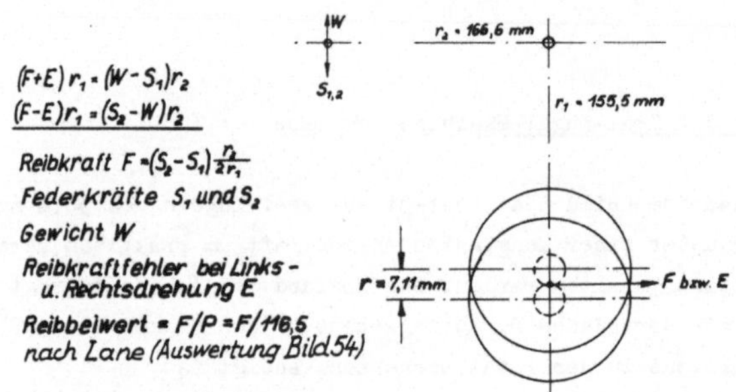

Bild 53b: Geometrische Verhältnisse in der Maßebene der
Zweikugelmaschine von Lane.

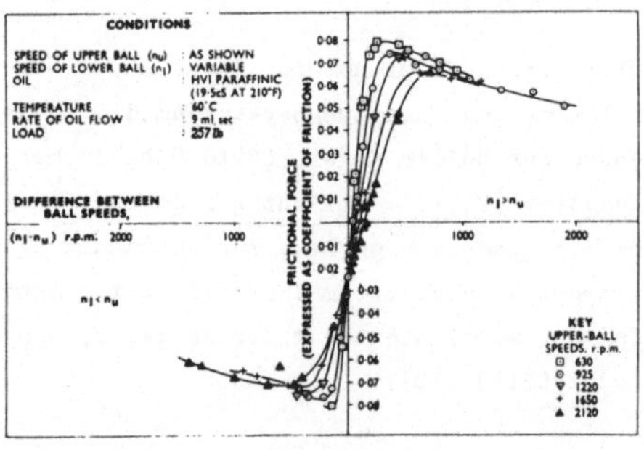

Bild 54:   Reibungskraft an der Zweikugelmaschine
Darstellung von Lane (S 31).

ren Kugel gefahren worden, die als Parameter der verschiedenen Kurvenzüge
auftreten. Infolge der schräg zu den Rotationsachsen liegenden Hertz'schen
Fläche und der Drehzahlunterschiede der oberen und unteren Kugel treten Glei-
tungen und Kraftwirkungen in der Berührungsfläche auf, die durch das Moment $M_{gem} = F \cdot r_1$ zum Ansatz gebracht werden (Bild 53b).

Dreht sich die obere Kugel mit konstanter Drehgeschwindigkeit und wird die
Drehzahl der unteren Kugel verändert, so ändern sich auch die Gleitverhält-
nisse und damit auch das Auswertungsmoment $M_{gem} = F \cdot r_1$. In Bild 54
ist die so errechnete Reibungskraft als ein

$$\text{Koeffizient der Reibung} = F\text{: Anpreßkraft} = M_{gem}/P \cdot r_1$$

$$= M_{gem} \ (cmkg)/1810 \ (cmkg)$$

dargestellt.

82. <u>Analyse der Ergebnisse nach der Theorie (entspr. Kap. 7)</u>

Die Drehrichtung der beiden Kugeln ist entgegengesetzt, so daß die absoluten Geschwindigkeiten in der Mitte der Hertz'schen Fläche gleiche Richtung haben. Nur ein Punkt der Mantellinie wird dabei auf beiden Kugeln
auch eine gleich große Geschwindigkeit haben (Drehpol). Damit ist die Wälz-
Bohrbewegung vorhanden, wie sie in Kapitel 7 theoretisch behandelt ist. Bei
den verschiedenen Drehzahlen der oberen und unteren Kugel wandert dieser
Drehpol auf der Mantellinie. Wird die Drehzahl der oberen Kugel größer, so
wandert der Drehpol in Richtung auf die Drehachse der oberen Kugeln, bei
größer werdender Drehzahl der unteren Kugel in Richtung zur Drehachse der
unteren Kugel hin.

Die Hertz'sche Fläche hat bei allen Versuchen dieselbe Kreisfläche mit
dem Radius

$$a = 0,4165 \ mm \quad {}^{*)}.$$

$^{*)}$ Diese Deformation ergibt sich nach Hertz durch die bei den Versuchen
konstante Anpreßkraft von $P = 116,5$ kg bzw. einer Belastung
$P/d_o^2 = 32$ kg/cm^2 ($P/d_{Kugel}^2 = 8$ kg/cm^2), $p_o = 320$ kg/mm^2. Das Verhältnis von a/r_{Kugel} ist 2,2 o/o.

Mithin gilt das Betriebsdiagramm (Bild 50), in dem über dem dimensionslosen Drehpolabstand ℓ/a von der Mitte der Hertz'schen Fläche der Ausnutzungsgrad $T/\mu P$ und der dimensionslose Kraftpolabstand vom Drehpol a/ℓ_N aufgetragen sind.

Der Ausnutzungsgrad $T/\mu P$ ist aber mit den Polabständen auch in den von Lane aufgetragenen Meßergebnissen enthalten:

$$\frac{M_{gem}}{P \cdot r_1} = \mu \left(\frac{T}{\mu P}\right)\left(1 \mp \frac{\ell_N - \ell}{r_1} \cos \Theta\right). \tag{43}$$

Der Unterschiedsbetrag in der rechten Klammer ist allerdings nur bei sehr kleinen Umfangskräften ($M_{gem} \approx 0$) von Bedeutung und bringt bei $\pm$ 5 o/o Drehzahlunterschied nur noch eine Abweichung von 1/2 o/o und wird bei größeren Drehzahlunterschieden noch geringer. So kann man für alle Fälle ($M_{gem} \neq 0$ bzw. $T/\mu P \neq 0$) schreiben:

$$\frac{M_{gem}}{P \cdot r_1} = \mu \left(\frac{T}{\mu P}\right). \tag{43a}$$

Der Zusammenhang zwischen $T/\mu P$ und den Polabständen wird nun durch die gemeinsame und gleiche Geschwindigkeit am Drehpol gegeben. Nimmt man an, daß die Mitte der Hertz'schen Fläche nicht genau so weit von der einen Drehachse wie von der anderen entfernt liegt ($2\,r = \varrho_u + \varrho_L$) - worüber noch zu diskutieren wäre - so gilt die Beziehung für gleiche Umfangsgeschwindigkeit

$$n_u < n_L: \qquad \frac{\pi}{30} n_L (\varrho_L - \ell \cos \Theta) = \frac{\pi}{30} n_u (\varrho_u + \ell \cos \Theta),$$

$$n_L < n_u: \qquad \frac{\pi}{30} n_L (\varrho_L + \ell \cdot \cos \Theta) = \frac{\pi}{30} n_u (\varrho_u - \ell \cos \Theta),$$

weil der Drehpol immer zur schneller laufenden Kugel ($\pm \ell$) sich hinbewegt. Daraus berechnet sich der dimensionslos gemachte Drehpolabstand zu

$$n_u < n_L: \qquad \frac{\ell}{a} = \frac{\varrho_L - \varrho_u\, n_u/n_L}{a \cdot \cos \Theta\, (1 + n_u/n_L)}, \tag{44a}$$

$$n_L < n_u: \qquad \frac{\ell}{a} = \frac{\varrho_u - \dfrac{n_L}{n_u}\, \varrho_L}{a \cos \Theta \left(1 + \dfrac{n_L}{n_u}\right)}, \tag{44b}$$

nur abhängig vom Drehzahlverhältnis, wenn ϱ_u und ϱ_L bekannt wäre.

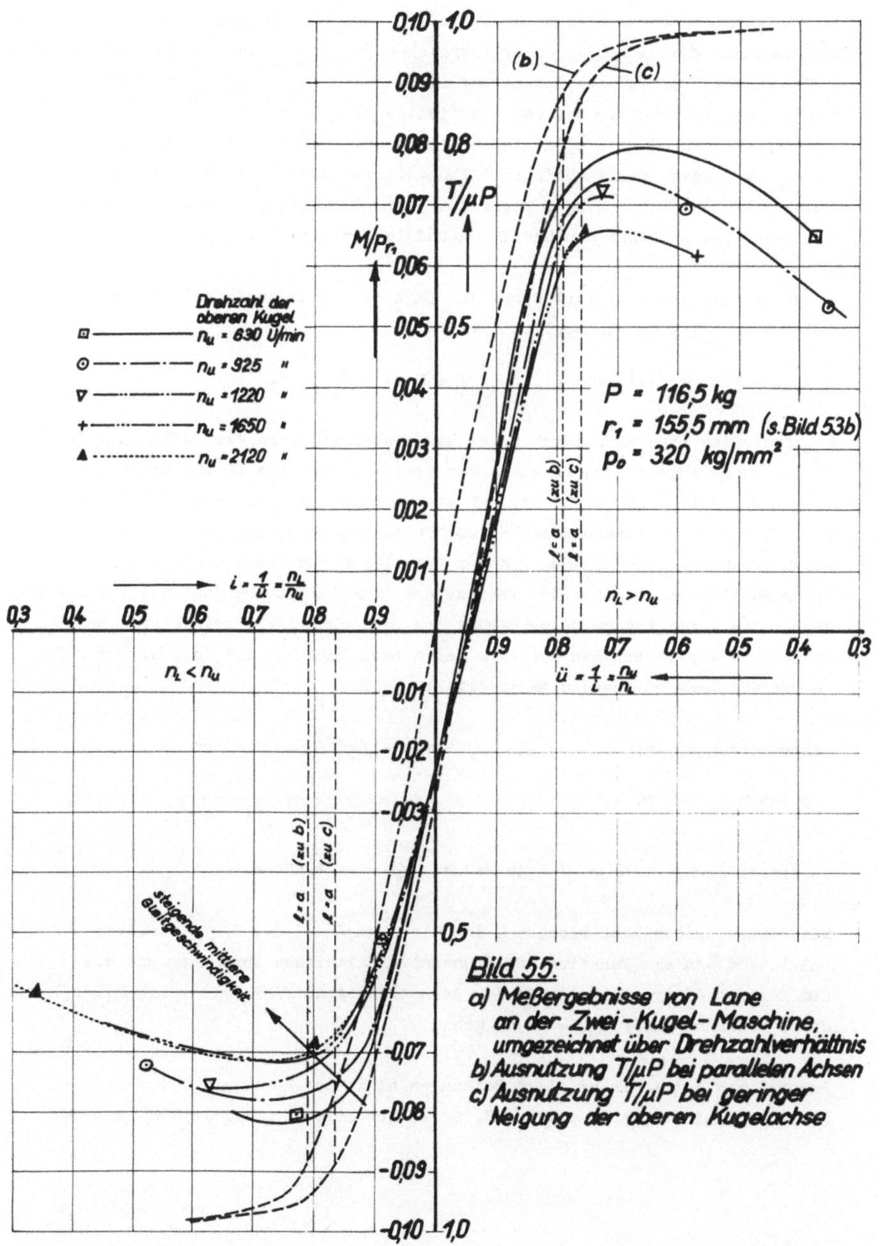

Bild 55:
a) Meßergebnisse von Lane an der Zwei-Kugel-Maschine, umgezeichnet über Drehzahlverhältnis
b) Ausnutzung $T/\mu P$ bei parallelen Achsen
c) Ausnutzung $T/\mu P$ bei geringer Neigung der oberen Kugelachse

Lane scheint anzunehmen, daß der Abstand der Hertz'schen Fläche von den beiden Antriebsachsen gleich ist ($r = \rho_L = \rho_u$). Demnach ergäbe sich der Zustand $\ell = $ a bei einem symmetrischen Übersetzungsverhältnis von 0,893 und ein Verlauf der Ausnutzung in Gleichung 43 a, wie er im Bild 57 fast durch den Schnittpunkt der Koordinaten geht. Bei einer Rechnung mit den Gleichungen 43 bzw. 43 a ließen sich jedoch in einem größeren Bereich um $M_{gem} = 0$ keine verständlichen Reibungszahlen auswerten. Ja, in dem von Lane gezeigten Diagramm läge sogar das Bohrmoment mit dem absoluten Betrag in einer viel zu hohen Größenordnung und im Vorzeichen falsch.

Nimmt man an, daß eine Bestimmung der Lage der Hertz'schen Fläche nur von außen über beide Kugeln möglich ist:

$$2\,r = 7,11 \text{ mm} = (d_{Kugel} + 2\,r) - d_{Kugel} \,,$$

so könnte die Lage auch durch Spiel bzw. Deformation in der Aufhängung der oberen Kugel infolge des Momentes der Kraft P, das etwa 18 mkg beträgt, hervorgerufen sein. Nehmen wir an, daß die am Fundament fest abgestützte Kugel keine Ausweichbewegung macht, so könnte die Achse der oberen Kugel um einen Bruchteil eines Grades von der Parallelen zur Antriebsachse der unteren Kugel geneigt sein. Der Einfluß des Winkels ist vernachlässigbar klein, jedoch die geringfügige Auswanderung der Drehachse der oberen Kugel von etwa 0,19 mm vergrößert den Hebelarm der oberen Kugel derart, daß sich die Lage der von Lane gemessenen Werte erklären läßt.

Nehmen wir also an: $\qquad \rho_L + \rho_u = 7,11 \text{ mm}$

und für $M_{gem} = 0$: $\qquad n_u/n_L = \dfrac{\rho_L}{7,11 - \rho_L} \approx 0,95,$

so ergibt sich: $\quad \rho_L = 3,46$ mm und $\rho_u = 3,65$ mm.

Mit diesen Werten läßt sich nach den Gleichungen 44 der dimensionslose Polabstand ℓ/a als Funktion des Drehzahlverhältnisses berechnen und mit dem Betriebsdiagramm (Bild 50) der Ausnutzungsgrad $T/\mu P$, wie er in Bild 57 durch den Punkt $n_L / n_u = 0,95$ geht.

Rechnet man jetzt die mittlere Reibungszahl in der Hertz'schen Fläche nach den Gleichungen 43 a bzw. 43, so ergeben sich in Abhängigkeit von der

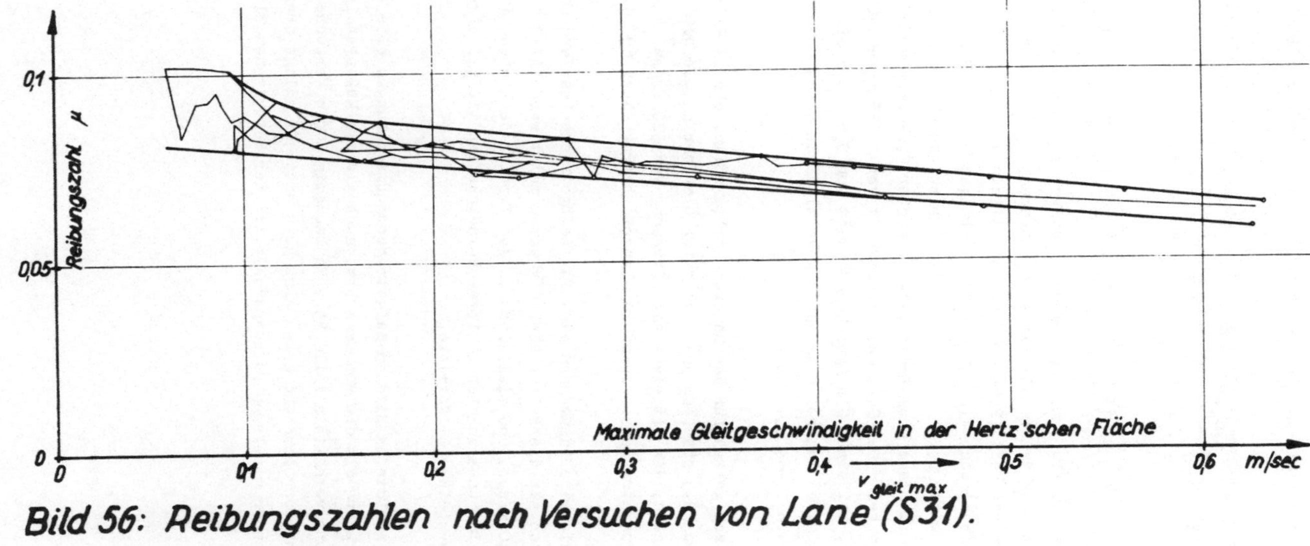

Bild 56: Reibungszahlen nach Versuchen von Lane (S31).

m a x i m a l e n , am Rand der Hertz'schen Fläche auftretenden Gleitgeschwindigkeit

$$\max v_{gleit} = \frac{a \cdot n_u \cdot \pi \cos \Theta}{30} \left(\frac{\ell}{a} + 1 \right) \left(\frac{n_L}{n_u} + 1 \right) \qquad (45)$$

$$= 0{,}04315 \cdot 10^{-3} \, n_u \cdot \left(\frac{\ell}{a} + 1 \right) \cdot \left(\frac{n_L}{n_u} + 1 \right) (m/sec)$$

Kurvenverläufe, die in dem angegebenen Streifen des Bildes 56 liegen. Es zeigt sich mit zunehmendem Gleiten eine abnehmende Reibungszahl, während die Rollgeschwindigkeit (Bewegung der Mantellinie am Drehpol, v_{Roll} = 0,2 ... 0,9 m/sec) ohne Einfluß auf die Reibungszahl ist. Bei Gleitgeschwindigkeiten von unter 0,1 m/sec ergeben sich Reibungszahlen von 0,08 ... 0,1, während über 0,1 m/sec kaum Ergebnisse noch über 0,09 liegen. Die äußersten Punkte ergeben bei einer Gleitgeschwindigkeit von 0,93 m/sec eine Reibungszahl von 0,05, bei einer Gleitgeschwindigkeit von 0,6 m/sec eine Reibungszahl von 0,058 ... 0,063 und bei einer Gleitgeschwindigkeit von 0,5 m/sec eine Reibungszahl von 0,064 ... 0,071.

Diese Ergebnisse gelten für das untersuchte paraffinische Öl HVI mit einer Viskosität von 19,5 cSt (bei 98°) und guter Ölzufuhr an die beiden gehärteten Stahlkugeln, die mit einer max. Pressung von 320 kg/mm^2 beansprucht sind. Die Temperatur (anscheinend im Ölsumpf) betrug dabei 60° C.

Die Geschwindigkeitsbedingungen sind für Reibgetriebe insofern noch vorsichtig zu bewerten als die Rollgeschwindigkeiten meist wesentlich höher liegen (10 bis 40 m/sec) und vielleicht in dem Bereich doch noch Einflüsse zeigen könnten. Die untersuchten Gleitgeschwindigkeiten treffen etwa den Bereich ausgeführter Getriebe.

Insgesamt zeigen die in Bild 56 aufgetragenen Umrechnungen eine wesentlich geringere Streuung als die von Lane bzw. auch als die Meßergebnisse über dem Übersetzungsverhältnis (Bild 55). Es bestätigen die Versuche die Theorie über den Ausnutzungsgrad und geben eine gute erste Grundlage über die wirklich auftretenden mittleren Reibungszahlen in der Hertz'schen Fläche.

9. Die Belastbarkeit von Wälzkörperpaarungen

ist für die Auslegung von Rogelgetrieben ebenso bedeutungsvoll wie die
Kenntnis der an der Reibpaarung ausnutzbaren und auftretenden Reibungszahl.
Es dürfen auf den Rollkreisen der Wälzkörper keine bleibenden Deformationen
zurückbleiben oder merkliche Verschleißspuren noch härtemindernde Temperaturen auftreten.

Zu diesem Fragenkomplex wurden vom Verfasser bereits einige Vorversuche
durchgeführt, über die z.T. bereits in dem angegebenen Schrifttum (S 1) be-
richtet wurde.

Von einer 28 mm $^{\phi}$-Kugel wurden unter Anpressung Reibkräfte auf einen abgebremsten Zylinder von 47,1 mm $^{\phi}$ bei reinem Abwälzen (ohne bohrende Bewegung) übertragen. Die maximal erreichte Reibungszahl betrug 0,078 bei Verwendung eines Spindelöles (HRT) als Schmier- und Kühlöl bei einer Betriebs-
temperatur im Ölsumpf von 65 bis 75° C. Bei einer maximalen Pressung p_o =
260 kg/mm^2 und einer tangentialen Beanspruchung von μ = 0,06 ... 0,075
zeigten sich nach Dauerlaufversuchen auf der abgebremsten zylindrischen Rolle aus EC 80, die eine Härte von nur 49,5 ... 59,5 RC hatten, bleibende
Verformungen, wie sie im Bild 59 dargestellt sind. Für die nicht hinreichende Härte war diese Belastung zu hoch.

Es wäre also erforderlich, beste Stahlqualitäten, z.B. EC 100 mit Rockwell-
härten über 60 zu verwenden, um hohe Beanspruchungen aus Anpreßkraft, Umfangskraft und den auftretenden Gleitgeschwindigkeiten zu ermöglichen.

Da in praktischen Getrieben die Anpressung proportional dem durchgeleiteten
Moment erfolgt und eine Sicherheit gegen Durchrutschen ($\mu P/T$) vorhanden sein
muß, ist es notwendig, die Nennbelastung mit einer zusätzlichen Sicherheit
wegen der maximalen Anpreßkraft P festzulegen.

10. Zusammenfassung

Bei einer Bohrbewegung zweier Wälzkörper gegeneinander mit oder ohne Wälzbewegung wird je nach Anpressung ein Bohrreibungsmoment erzeugt, das sich

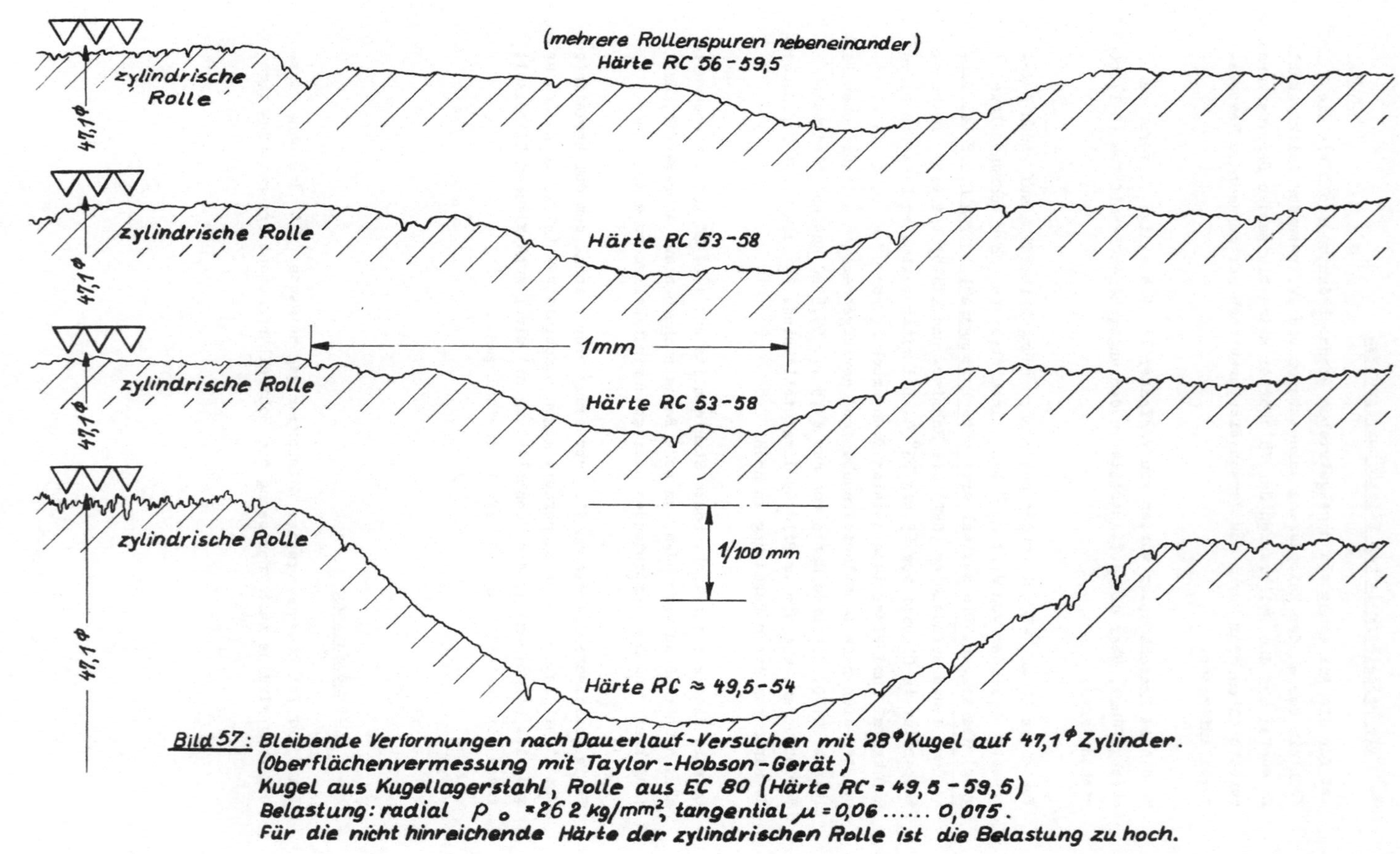

Bild 57: Bleibende Verformungen nach Dauerlauf-Versuchen mit 28⌀ Kugel auf 47,1⌀ Zylinder.
(Oberflächenvermessung mit Taylor-Hobson-Gerät)
Kugel aus Kugellagerstahl, Rolle aus EC 80 (Härte RC = 49,5 - 59,5)
Belastung: radial p_o = 262 kg/mm², tangential μ = 0,06 ...... 0,075.
Für die nicht hinreichende Härte der zylindrischen Rolle ist die Belastung zu hoch.

bei Punktberührung bei Annahme einer konstanten Reibungszahl verhältnismäßig einfach berechnen läßt (Gl. 14a).

Versuche bei stationären Hertz'schen Flächen zeigen, daß sich bei zwei
Wälzkörpern aus Wälzlagerstahl die Reibungsmomente nach der entwickelten Gesetzmäßigkeit in einem Belastungsbereich bestätigen, der durch
Hertz'sche Pressungen von etwa 20 bis 400 kg/mm^2 - abhängig vom Schmiermittel - gekennzeichnet ist. Die Grenzen sind jedoch nicht genau allgemein gültig. Die obere Freßgrenze und die untere Grenze, bei der die
Reibungszahl bei Anwendung der gleichen Theorie abhängig von der Belastung wird, sind nicht genau zu erfassen. Dazwischen liegt eine Belastungsgrenze, bei der das Reibungsmoment während des Anlaufes nicht größer wird (Bild 22 und 23).

Versuche bei wandernden Hertz'schen Flächen mit Bohr- und Wälzbewegung
zeigen die Schmiermittel- und Gleitgeschwindigkeitsabhängigkeit der Reibungszahl, die bei Verstellgetriebeölen in der Größenordnung von etwa
0,05 bis 0,09 liegt (Bild 35 bis 44). Der Einfluß der Temperatur - und
druckabhängigen Viskosität kann vermutet, aber nicht geklärt werden
(Bild 45 bis 46).

Die Theorie der Übertragung von Umfangskräften durch elliptische Hertz'-
sche Flächen bei Wälz-Bohrbewegung kann nach Lutz mit den Polabständen
der schlupffreien Stelle (Drehpol) und des Angriffspunktes der Umfangskraft (Kraftpol) von der Mitte der Hertz'schen Fläche in anschaulicher
Weise in einem Zustandsdiagramm (Bild 48 und lose Beilage) zusammengefaßt werden. Bei gewählter Ausnutzung $T/\mu P$ ist es in einfacher Weise
möglich, Schlupf, Leistungs- und Momentenverlust zu bestimmen. Außerdem
gibt umgekehrt diese Theorie die Möglichkeit, auftretende Reibungszahlen
in Verstellgetrieben und in Versuchseinrichtungen mit Wälz-Bohrreibung
zu ermitteln.

In einem Beispiel an englischen Versuchen wird der Einfluß der Ausnutzung
und die Auswertung zur Bestimmung der mittleren Reibungszahl aufgezeigt.
Mit gehärteten Stahlkugeln (p_o = 320 kg/mm^2) und paraffinischem HVI-Öl ist
eine abfallende Reibungszahl (0,1 ... 0,05)mit zunehmender Gleitgeschwindigkeit (0,08 ... 0,93 m/sec) bestimmt worden.

Schrifttumsverzeichnis

(S 1) Lutz,O.,   "Grundsätzliches über stufenlos verstellbare
        Braunschweig   Wälzgetriebe", Z. Konstruktion 7. Jahrg. (1955),
                            Heft 9, Seite 330 - 335.

(S 2) Palmgreen, A.,   "Neue Untersuchungen über Energieverluste in Wälz-
        Göteborg/Schweden   lagern", Vortrag auf der VDI-Tagung "Reibung und
                            Schmierung" in Darmstadt am 12.3.56 mit einem
                            Diskussionsbeitrag von W. Wernitz

(S 3) Stott, V.   "Reibungsmessungen", J. Instn. electr. Engrs. 69
                            (1931) Seite 574, Arch.techn. Messen J-013-1.

(S 4) Abott u. Goss   " Schmierung erhöht die Lebensdauer der Zählerlager"
                            (engl.) Electr. Engng. 54 (1935), Seite 428 (und
                            Besprechung Sept. 1955).

(S 5) Kinnard u. Goss   "Watt-Hour Meter Bearings", Electr. Engng. 56 (1937)
                            Januar (u. Besprechung Sept. 1937).

(S 6) Wachsmann, F.   "Untersuchung der Reibungsverhältnisse in Elektri-
                            zitätszählern", Dissertation, München 1934.

(S 7) Edler, H.   "Der Einfluß der Ankerlagerung auf die Lebensdauer
                            und Meßgenauigkeit von Elektrizitätszählern", ETZ
                            72. Jahrg., Heft 6, 1951, Seite 167.

(S 8) Tibus, B.   "Lagerung in modernen Elektrizitätszählern" Z. Fein-
                            werktechnik, Jahrg. 56, Heft 7 (1952), Seite 193.

(S 9) Fromm   "Berechnung des Schlupfes beim Rollen deformierba-
                            rer Scheiben", ZAMM 7 (1927).

(S 10) Thomas, W.   "Reibscheiben-Regelgetriebe", Heft 4 der Schriften-
                            reihe 'Antriebstechnik', Fr. Vieweg Verlag, Braun-
                            schweig, 1954.

(S 11) Hertz, H.   "Über die Berührung fester, elastischer Körper",
                            J.f.d. reine u. angew. Mathematik, Bd. 92, Berlin
                            1882, Seite 156 - 171, insbes. Fußnote Seite 163.

(S 12) Mundt, R.   "Eine allgemein verständliche Darstellung der Theo-
                            rie von Heinrich Hertz, SKF Schweinfurt, 1950.

(S 13) Weber, C.   "Hertz'sche Gleichung mit Tangentialkraft", Einzel-
                            bericht Nr. 96 d. Inst. f. Maschinenelemente T.H.
                            Braunschweig vom 10.8.1948.

(S 14) Jahnke-Emde   "Tafeln höherer Funktionen", Verl. Teubner, Leipzig
                                                                            1948
(S 15) Le gendres, A.M.   "Tafeln der elliptischen Normalintegrale", herausge-
                            geben von Fritz Emde, Verlag Conrad Wittwer, 1931.

(S 16) Rühl, K.H.   "Druckkräfte zwischen gewölbten Oberflächen", Hütte
                            Bd. I, 28. Aufl. 1955, insbesondere Seite 966.

(S 17) SKF   "Spannungen und Verschiebungen bei Berührung ela-
                               stischer Körper", SKF-Bericht, Göteborg 1940.

(S 18) Kutter, F.   "Theoretische Untersuchung eines Reibgetriebes",
                               Diplomarbeit T.H. Dresden, Lehrst. f. Festigkeits-
                               lehre Prof. Dr.-Ing. C. Weber (1944).

(S 19) Lutz, O.,
        Braunschweig   "Grundsätzliches über stufenlos verstellbare Wälz-
                               getriebe", zweite Mitteilung, Z. Konstruktion,
                               9. Jahrg. (1957), Heft 5, Seite 169 - 171.

(S 20) Lohse, W.   "Auslaufversuche zur Bestimmung der Bohrreibung",
                               Forschungsbericht 1/1953 d. Inst. f. Maschinenele-
                               mente T.H. Braunschweig.

(S 21) Schlichting, H.   "Grenzschichttheorie", Verlag G. Braun, Karlsruhe,
                                                                      1950.
(S 22) Betz, A.   "Mechanik unelastischer Flüssigkeiten", Hütte Bd. I,
                               28. Auflage, Seite 793.

(S 23) Lutz, O. -   "Zur Bestimmung der Rollreibung", Forschungsbericht
        Wernitz, W.   15/1956 d. Inst. f. Maschinenelemente u. Förder-
                               technik, T.H. Braunschweig

(S 24) Kießkalt, S.   "Untersuchungen über den Einfluß des Druckes auf die
                               Zähigkeit von Ölen und seine Bedeutung f.d. Schmier-
                               technik", VDI-Forsch.-Arb. a.d. Geb. d. Ing.Wesens
                               Heft 291, Berlin 1927.

(S 25) Vogelpohl, G.   "Beiträge zur Kenntnis der Gleitlagerreibung",
                               VDI-Forschungsheft 386, Berlin 1937.

(S 26) Kuss, E.   "Hochdruckuntersuchungen III:'Die Viskosität von kom-
                               promierten Flüssigkeiten'", Z.f. angew. Physik, 7. Bd.
                               8. Heft, 1955, Seite 372 - 378.

(S 27) Bradbury, Mark   "Lubricating Oils from 0 to 150000 PSIG and 32 to
        u.Kleinschmidt   425°F", Transactions of the ASME, July 1951, Vol 73,
                               No. 5, Seite 667 - 676.

(S 28) ASME Research   "Pressure-Viscosity Report", Vol I u. II, 1953, Re-
        Commitee on Lubri-   search Publication, American Society of Mech. Engi-
        cation   neers.

(S 29) Vogelpohl, G.   "Die Stribeck-Kurve als Kennzeichen des allgemeinen
                               Reibungsverhaltens geschmierter Gleitflächen",
                               VDI-Z., Bd. 96 (1954), Nr. 9, Seite 261 - 268.

(S 30) Kadmer, E.   "Schmierstoffe und Maschinenschmierung", II. Aufl.,
                               Verlag Gebr. Borntraeger, 1941, insbes. S. 35 - 67.

(S 31) Lane, T., Thorn-   "The Lubrication of Friction Drives", ASME paper No.
        ton/Chester-Engl.   "55-LUB-3, Vortrag a.d. Second Annual ASME-ASLE Lubri-
                               cation Conference, Indianapolis, Indiana, Oct. 1955.

(S 32) Lane, T.B.   "Scuffing temperatures of boundary lubricant
        Thornton/Chester   films", Brit. J. of Applied Physics, Supplement
        England   No. 1 pp. 35 - 38, 1951.

(S 33) Blok, H.   "The Dissipation of Frictional Heat", Appl. sci.
        Delft/Holland   Res., Section A Vol. 5, Seite 6, 151 ff.

(S 34) Lutz, O.   "Grundsätzliches über stufenlos verstellbare
                           Wälzgetriebe", dritte Mitteilung, Z. Konstruktion
                           10. Jahrg. (1958).